Liesel Malm

# Mein Wildkräuter-führer

Über 150 Wildpflanzen erkennen & bestimmen

Bassermann

ISBN 978-3-572-4623-1

1. Auflage



**Projektleitung dieser Ausgabe:** Dr. Iris Hahner
**Konzeption und Gesamtproducing:** Jung Medienpartner GmbH, Limburg/Lahn
**Layout:** Gabriele Kiesewetter, Beselich
**Umschlaggestaltung:** Atelier Versen, Bad Aibling
**Herstellung:** Elke Cramer



Penguin Random House Verlagsgruppe FSC® N001967

Druck und Bindung: PBtisk, a.s., Pribram

Printed in the Czech Republic

# Inhalt

### weiße Blüte ∞ Symmetrie der Blütenblätter an zwei Seiten

### gelbe Blüte ∞ vier Blütenblätter

### gelbe Blüte ∞ fünf Blütenblätter

### gelbe Blüte ∞ mehr als fünf Blütenblätter oder Korbblüte

### gelbe Blüte ∞ Symmetrie der Blütenblätter an zwei Seiten



### rote Blüte ∞ vier Blütenblätter



### rote Blüte ∞ fünf Blütenblätter



### rote Blüte ∞ mehr als fünf Blütenblätter oder Korbblüte



### rote Blüte ∞ Symmetrie der Blütenblätter an zwei Seiten

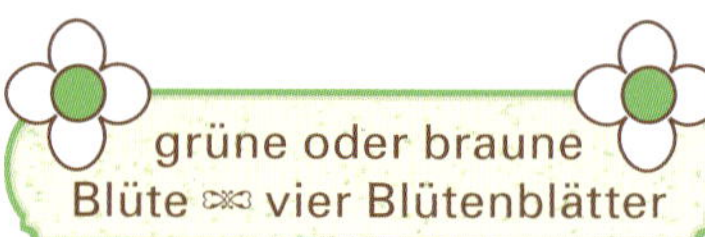

### grüne oder braune Blüte ∞ vier Blütenblätter



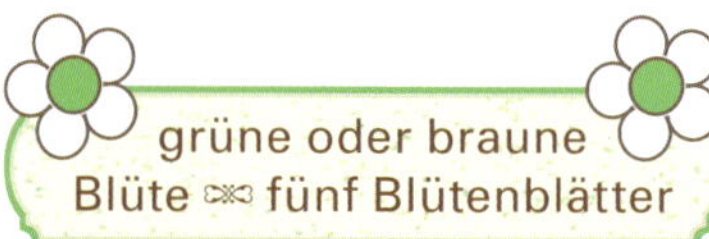

### grüne oder braune Blüte ∞ fünf Blütenblätter

### blaue Blüte ∞ vier Blütenblätter

### blaue Blüte ∞ fünf Blütenblätter

### blaue Blüte ∞ mehr als fünf Blütenblätter oder Korbblüte



### blaue Blüte ∞ Symmetrie der Blütenblätter an zwei Seiten

## Gräser



## Farne · Moose

## Baum oder Strauch · Laub



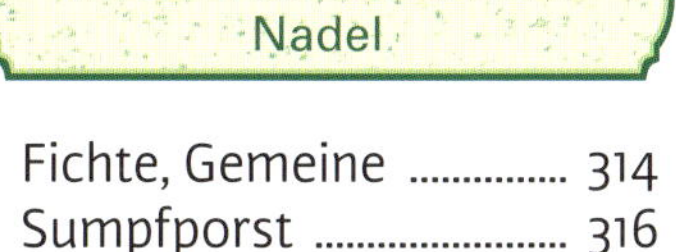

## Baum oder Strauch · Nadel

# Vorwort

Wer sich für die Natur und ihre Pflanzen und Tiere interessiert, wird immer mit offenen Augen darin spazieren gehen und Dinge entdecken, die er noch nie gesehen hat und auch nicht kennt. Auch mir ergeht es immer wieder so. Manchmal sehe ich Pflanzen und Kräutlein, die auch mir völlig unbekannt sind. Ich versuche dann, diese in einem meiner vielen Bücher zu finden, doch oft werde ich nicht fündig oder aber die Abbildungen und Beschreibungen sind nicht genau genug, um diese Kräuter sicher zu bestimmen. Es gibt ja in der Natur eine Fülle von Pflanzen, die sich sehr ähnlich und für das ungeschulte Auge nicht zu unterscheiden sind.

Mit diesem Buch möchte ich allen interessierten Naturfreunden eine Bestimmungshilfe für Pflanzen und Kräuter an die Hand geben, damit Sie alle – zumindest die in Mitteleuropa häufig vorkommenden – Pflanzen kennen und bestimmen lernen. Doch Vorsicht ist geboten. Oft sind die schönsten und wohlriechenden Pflanzen auch die giftigsten. Dieses Büchlein ist aber auch als Ergänzung zu meinen anderen Büchern, in denen ich über die Anwendung der Pflanzen und Kräuter berichte, gedacht: handlich und bestens geeignet für die Jacken- oder Handtasche, damit Ihnen die Bestimmung der Pflanzen in der Natur leicht fällt. Sehr wichtig zu beachten ist, dass Sie keine Pflanzen aus der Natur mitnehmen, die Sie nicht eindeutig bestimmen können, denn es könnte immer auch ein giftiger „Doppelgänger" sein.

Sie müssen sich aber nicht grämen, wenn sie Probleme bei der Bestimmung haben, denn fast alle Wildkräuter kann man bei einschlägigen Spezial-Gärtnereien preisgünstig über das Internet bestellen. Natürlich können Sie auch Wildkräuter, die Sie kennen, im eigenen Garten

anpflanzen und haben so immer eine Auswahl ihrer persönlichen Lieblingskräuter zur Hand.
Ich empfehle Ihnen auch, wenn Sie sich wirklich weiterbilden wollen, entsprechende Kurse und Führungen von Kräuterkundigen mitzumachen. So habe ich auch einmal angefangen. Zunächst als Kind bei meiner Großmutter und später auch immer wieder bei anderen fachkundigen Menschen. Auch hierfür liefert Ihnen das Internet eine Fülle von Informationen und Kontakten.

Wenn Sie dann tatsächlich in der Natur fündig geworden sind, so achten Sie bitte darauf, dass Sie keine schadstoffbelasteten oder mit Fäkalien verschmutzen Pflanzen am Straßenrand oder an Viehweiden sammeln. Waschen Sie Ihre gesammelten Kräuter auf jeden Fall vor dem Verzehr mit kaltem Wasser gut ab.

Dieses Buch ist der Einfachheit halber so gegliedert, dass immer die Pflanzen mit den gleichen Blütenfarben beieinander stehen. Also weiße, gelbe, blaue, rote und violette, denn man weiß ja zunächst einmal nicht den Namen eines Krautes, wenn man es nicht kennt, und so muss man nicht jedes Mal das ganze Buch durchblättern.

Ich wünsche Ihnen viel Freude beim Suchen und Bestimmen der Wildpflanzen in der Natur und dass Sie allzeit genügend Vorsicht walten lassen.

Ihre Liesel Malm

# Knoblauchsrauke

*Alliaria petiolata*
auch Lauchkraut, Lauchhederich

Die Knoblauchsrauke ist eine einjährige, manchmal auch zweijährige Pflanze, die in fast ganz Europa beheimatet ist. Sie wächst in lichten Laubwäldern, in Gebüschen, an Waldrändern und auf Schuttplätzen und gehört zur Familie der Kreuzblütengewächse. Die Pflanzen versamen sich stark. Die Knoblauchsrauke erreicht eine Höhe von etwa 100 Zentimetern und verströmt bei Verreibung einen starken Knoblauchgeruch. Während der Blütezeit von April bis Juli erscheinen, traubenartig angeordnet, viele kleine weiße Blüten, die 0,5 bis 1 Zentimeter groß sind. Als Samen entwickeln sich Schoten von einer Länge bis 20 Millimeter, die schwarze Samen enthalten. Die Laubblätter sind herzförmig und an den Rändern gekerbt. Der Stängel ist vierkantig, aufrecht und im unteren Bereich leicht behaart. Die Pfahlwurzel ist fingerdick, weiß und glatt.

20 bis 100 cm

April bis Juli

lichter Schatten

normal bis feucht

einjährig

Notizen ..............................................

..............................................

..............................................

..............................................

# Löffelkraut, Echtes

*Cochlearia officinalis*
auch Skorbutkraut, Bitterkresse, Löffelkresse

Das Löffelkraut ist eine kleine krautige Pflanze, die zwei- bis mehrjährig wächst. Es ist in Mitteleuropa an salzhaltigen Stellen von den Küsten über das Binnenland bis hin zu den Alpen zu finden. Man zählt es zur Familie der Kreuzblütengewächse. Das Löffelkraut kann zwischen 20 und 50 Zentimeter hoch werden. Die unscheinbaren weißen, leicht bläulichen Blüten erscheinen zwischen März und Juni und stehen traubenartig zusammen. Die Blüten sind etwa fünf bis zehn Millimeter groß. Die Laubblätter sind fleischig, glänzen und haben eine herzförmige, löffelartige Form mit gebuchtetem Rand. Der Stängel ist kantig und nicht behaart. Die Samen befinden sich in eiförmigen kleinen Schoten und sind etwa 1,5 Millimeter groß. Der Wurzelstock ist spindelförmig. Die Pflanze ist geschützt.

20 bis 50 cm

März bis Juni

kein Vollschatten

feucht

mehrjährig

Notizen ..........

# Waldmeister

*Galium odoratum*
auch Maiblume, Herzfreund, Leberkraut

Waldmeister gehört zur Familie der Rötegewächse. Er ist eine mehrjährige Pflanze mit kriechendem Wurzelstock und wird bis zu 30 Zentimeter hoch. An den knotigen, aufrechten Stängeln sitzen sechs bis acht quirlige Laubblätter, die etwa drei Zentimeter lang sind. Aus dem obersten Quirl wachsen lang gestreckte Trugdolden in Weiß. Die Blütezeit beginnt im April und endet im Mai oder Juni. Die Blüten werden bis sechs Millimeter groß. Der Waldmeister wächst in ganz Europa, mit Vorliebe in schattigen Mischwäldern. Man findet ihn an Stellen, an denen auch Farn gut gedeiht, also in der Nähe von Wäldern oder an Hecken. Die Früchte des Waldmeisters sind Spaltfrüchte, die sich in trockenem Zustand teilen und zwei klettenartige, runde Teilfrüchte freigeben, die sich an Fell oder Gefieder festhalten können. Außer der Verbreitung durch Samen vermehrt sich der Waldmeister auch durch ein unterirdisches Rhizom.

15 bis 30 cm

April bis Juni

schattig

feucht

mehrjährig

Notizen ..........................................................................................

..........................................................................................

..........................................................................................

..........................................................................................

..........................................................................................

# Waldrebe, Aufrechte

*Clematis recta*

leicht giftig!

Die Waldrebe gehört zu den Hahnenfußgewächsen und ist in Mittel- und Südeuropa an Waldesrändern und Gebüschen, an Mauern und Felsen in warmen Lagen zu finden. Clematis recta klettert nicht. Sie wird zwischen 50 und 150 Zentimeter hoch und blüht bevorzugt zwischen Juni und August in schönen weißen Blütenrispen. Die Aufrechte Waldrebe hat einfache, eiförmige, spitz zulaufende, meist vier Zentimeter lange Laubblätter. Der Stängel ist nicht holzig. Nach der Blüte bildet die Aufrechte Waldrebe wunderschöne fedrige Fruchtstände. Sie besitzt einen knotig walzenartigen Wurzelstock. Die Pflanze ist geschützt.

50 bis 150 cm

Juni bis Aug.

sonnig bis halbschattig

trocken

mehrjährig

Notizen ..........

..........

..........

..........

# Wegerich, Mittlerer

*Plantago media*
auch Wegtritt

Der Mittlere Wegerich wächst am Rande von Wiesen und Wegen auf mäßig trockenen Böden und zählt zur Familie der Wegerichgewächse. Die grundständigen Laubblätter bilden eine Blattrosette. Sie sind oval, spitz zulaufend und mit weißen Härchen besetzt. Aus der Blattrosette wächst ein bis zu 50 Zentimeter langer Stängel. Daran bilden sich die ährenförmigen Blütenstände, die weiß bis hellrosa erscheinen. Auffällig sind die Staubbeutel, die sehr lang aus der Blüte herausragen und ihr ein hellrosafarbenes, strahliges Aussehen verleihen. Die Blütezeit geht von Mai bis September. Als Früchte entstehen Kapseln, die zwei bis vier schwarze Samen enthalten.

20 bis 50 cm

Mai bis Sept.

sonnig

normal feucht

mehrjährig

Notizen ..................................................

..................................................

..................................................

..................................................



..................................................

# Christrose

*Helleborus niger*
auch Schwarze Nieswurz, Schneerose

sehr giftig!

Die Christrose ist eine ausdauernde Pflanze, die in Buchen- und Kiefernwäldern, hauptsächlich östlich und südlich der Alpen, heimisch ist. Sie blüht im Winter von Dezember bis Februar und zählt zur Familie der Hahnenfußgewächse. Die Christrose ist mehrjährig. Sie erreicht Wuchshöhen zwischen zehn und 30 Zentimetern. Sie ist eine immergrüne Pflanze mit eiförmigen, dunkelgrünen, ledrigen Laubblättern. Die bis zu zehn Zentimeter große Blüte erscheint weiß mit grünlichem Kelch. Nach der Blüte färben sich die Blütenblätter grün. Der Stängel ist rötlich gefärbt.

10 bis 30 cm

Dez. bis Febr.

halbschattig

feucht

mehrjährig

Notizen ..........

# Bärenklau, Wiesen-

*Heracleum sphondylium*
auch Bärenfuß, Bärentatze, Hasenkraut

leicht giftig!

Der Wiesen-Bärenklau gehört zur Familie der Doldenblütler und ist sehr verbreitet in fetten Wiesen, an Bachufern und in Auwäldern. Er ist eine zweijährige Pflanze und in ganz Europa heimisch. Er kann bis zu zwei Meter hoch wachsen. Seine Laubblätter erinnern an Bärentatzen, sind gelappt-gefiedert sowie samtig behaart. Der hohle, vierkantige, behaarte Stängel wird bis zwei Zentimeter dick. Während der Blütezeit von Juni bis Oktober stehen an einer bis zu 30-strahligen flachen Dolde, die keine bis 3 Hüllblätter besitzt, weiß-rötliche, fünfblättrige Blüten, die meist fünf Millimeter breit sind. Manchmal erreichen sie auch eine Breite bis 15 Millimeter. Die ovalen Ölfrüchte sind zum Rand hin flach und geflügelt. Diese werden bis zu acht Millimeter lang und fast ebenso breit. Der Wiesen-Bärenklau hat eine kräftige Wurzel, die rübenförmig, weiß-gelb ist.

60 bis 200 cm

Juni bis Okt.

kein Vollschatten

normal feucht

zweijährig

Notizen ..................................................

# Bärwurz

*Meum athamanticum*
auch Bärenfenchel

In lichten Laubwäldern, in Wiesen, Weiden der Mittelgebirge und Alpen in weiten Teilen Europas ist der Bärwurz zu finden. Er liebt einen sonnigen, auch halbschattigen Standort und wasserdurchlässige Böden. Der Bärwurz ist ein Doldengewächs. Die Staude kann bis 60 Zentimeter hoch werden und bildet buschige Horste, die mit ihren leicht gefiederten Laubblättern an Dill und Fenchel erinnern. Sie duften stark würzig nach Sellerie, Liebstöckel oder Fenchel. An den hohlen Stängeln bildet sich die 15-strahlige Blütendolde, die eine bis zu sechsblättrige Hülle besitzt. Die Dolde besteht aus weißen, sternförmigen, rosa angehauchten Blüten mit fünf Blütenblättern. Die Blütezeit des Bärwurz ist Mai bis Juni. Nach der Blüte entwickeln sich im Herbst die länglichen Samen. Die Wurzel ist braun, innen weiß, fingerdick und oben mit vielen pinselartigen Fasern versehen.

15 bis 60 cm

Mai bis Juni

sonnig

normal feucht

mehrjährig

Notizen ..............................................................

..............................................................

..............................................................

..............................................................

..............................................................

# Bibernelle, Kleine

*Pimpinella saxifraga*
auch Pfefferwurz, Bockwurz, Steinpeterlein

Die Kleine Bibernelle gehört zur Familie der Doldengewächse und ist von krautigem, aufrechtem Wuchs. Man findet sie auf trockenen Böden, Magerrasen und in lichten Wäldern. Sie wird, im Gegegensatz zur Großen Bibernelle, nur 20 bis 50 Zentimeter hoch. Die Laubblätter sind gefiedert und eiförmig. Der Blattrand ist grob gesägt. Der Stängel hat wenige Rillen und ist leicht behaart. Die Laubblätter am Stängel sind schmal und wenig gekerbt. In der Blütezeit von Juni bis August erscheinen an acht- bis 15-strahligen Dolden, die keine Hüllblätter besitzen, zahlreiche kleine weiße, manchmal auch schwach rosa Blüten von süßlichem Geruch. Als Frucht bildet die Bibernelle eine Spaltfrucht, die zwei Millimeter lang wird. Die Wurzel ist fingerdick und braun.

20 bis 50 cm

Juni bis Aug.

sonnig

trocken

mehrjährig

Notizen ..............................................

..............................................

..............................................

..............................................

# Eibisch, Echter

*Althaea officinalis*

auch Heilwurzel, Hustenkraut, Samtpappel

Der Eibisch ist eine mehrjährige Pflanze, die auf salzigen Böden, in feuchten Gräben und Wiesen, in unseren Breiten auch oft als Gartenflüchtling wächst. Der Eibisch zählt zur Familie der Malvengewächse und ist auch in Kräutergärten oft zu finden. Eibisch kann eine Höhe von bis zu zwei Metern erreichen. Er besitzt einen kräftigen Stängel, der leicht verzweigt ist. Seine Laubblätter sind weich behaart, gelappt und ungleichmäßig gezahnt. In der Blütezeit von Juli bis September erscheinen die hellrosa bis weißen fünfblättrigen Blüten, die traubenartig zusammenstehen. Die Staubblätter und der Stempel sind dunkelviolett gefärbt. Aus der Blüte entstehen kastanienartige Spaltfrüchte. Die Wurzel ist verzweigt und stark schleimhaltig.

60 bis 200 cm

Juli bis Sept.

kein Vollschatten

normal feucht

mehrjährig

Notizen ..............................................................

..............................................................

..............................................................

..............................................................

 ..............................................................

# Engelwurz, Wald-

*Angelica sylvestris*
auch Angelika, Zahnwurzel, Wilde Brustwurz

Die Wald-Engelwurz zählt zur Familie der Doldenblütler. Sie ist zweijährig und kann bis zu zwei Meter hoch werden. Sie wächst auf feuchten Böden, an Ufern, feuchten Wiesen und Waldrändern. An einem runden, hohlen, gestreiften Stängel stehen die großen gefiederten Laubblätter, die eiförmig und spitz zulaufend sind. Von Juli bis August wachsen die strahlig angeordneten Blütendolden, die schirmförmig aussehen und aus bis zu 40 Einzelblüten bestehen. Die Einzelblüte ist weiß bis grünlich. Nach der Blütezeit bildet sich eine eiförmige Spaltfrucht.

1,50 bis 2 m

Juli bis Aug.

halbschattig

normal feucht

zweijährig

Notizen ..........

# Fieberklee - Bitterklee

*Menyanthes trifoliata*
auch Butterklee, Dreiblatt, Sumpfklee

Der Fieberklee gehört zur Familie der Fieberkleegewächse. Er zählt zu den Sumpf- und Wasserpflanzen. Die Wuchshöhe liegt zwischen zehn und 30 Zentimetern. Seine langen Arme liegen auf dem Wasser und die weißen, zartrosa überhauchten Blütenrispen wachsen auf kahlen, fleischigen Stielen kerzengerade nach oben. Die Blüte erscheint zwischen April und Juni. Die Blüten sind traubenartig angeordnet und haben einen Durchmesser von ungefähr 1,5 Zentimetern. Die Kronblätter sind von kräftigen langen Fransenhaaren bedeckt. Aus den Blüten entwickeln sich eiförmige Kapseln, die mehrere glatte braune Samen enthalten. Seine Laubblätter sind kahl, ganzrandig und anfangs rosafarben. Der Stängel ist hohl. Die Wurzel ist fingerdick, kriechend, außen bräunlich. Im Inneren eher weiß und schwammartig.

10 bis 30 cm

April bis Juni

sonnig bis halbschattig

feucht

mehrjährig

Notizen ..............................................................

..............................................................

..............................................................

..............................................................

..............................................................

# Guter Heinrich

*Chenopodium bonus-henricus*
auch Wilder Spinat, Dorfgänsefuß

Der Gute Heinrich ist auf Weiden, Ruinen und Höfen zu finden. Allerdings ist er selten geworden. Er zählt zur Familie der Fuchsschwanzgewächse und erreicht eine Höhe von etwa 60 Zentimetern. Von Juni bis August entwickelt sich die Blütenrispe. Diese hängt oft nickend nach unten herab. Die Einzelblüte ist unscheinbar und grünlich gefärbt. Die saftigen Laubblätter sind dreieckig und spitz. Es ist eine immergrüne Pflanze. Der Gute Heinrich lässt sich aufgrund seines klebrigen Stängels gut von anderen Gänsefußgewächsen unterscheiden. Nach der Blütezeit bilden sich bräunliche Nussfrüchte aus.

30 bis 60 cm

Juni bis Aug.

kein Vollschatten

normal feucht

mehrjährig

Notizen ..........................................................................

..........................................................................

..........................................................................

..........................................................................

..........................................................................

# Kerbel, Wiesen-

*Anthriscus sylvestris*
auch Wilder Kerbel, Waldkerbel

Wiesen-Kerbel gehört zur Familie der Doldenblütler. Er wächst auf nährstoffreichen Wiesen, an Wegrainen, Heckensäumen, sogar auf Bergwiesen im Gebirge auf über 2000 Meter Höhe ist er noch zu finden. An einem aufrecht stehenden, hohlen, stark gefurchten Stängel, der bis 1,50 Meter hoch wird, bilden sich zwei- oder dreifach gefiederte Laubblätter aus, die an Farn erinnern und 20 bis 30 Zentimeter lang werden. Die Blattunterseite ist glänzend. Während der Blütezeit von April bis August wächst der Blütenstand aus acht bis 16 Dolden, die keine Hüllblätter besitzen. Die kleinen weißen Einzelblüten bestehen aus fünf Blütenblättern, die strahlenförmig angeordnet sind. Die Frucht des Wiesen-Kerbels ist eine braune, längliche Spaltfrucht, die bis zehn Millimeter lang wird. Die Wurzel ist rübenartig verdickt.

60 bis 150 cm

April bis Aug.

sonnig bis halbschattig

feucht

mehrjährig

Notizen ..........................................................................

..........................................................................

..........................................................................

..........................................................................

..........................................................................

# Meisterwurz

*Peucedanum ostruthium*
auch Durstwurz, Kaiserwurzel

Die Meisterwurz gehört zur Familie der Doldenblütler. Man findet sie an feuchten Standorten, wie Wiesen oder Bachläufen. Meisterwurz wird bis zu einem Meter hoch und erinnert mit ihrem Geruch an Möhren oder Sellerie. An einem hohlen Stängel wachsen große, dreifach gelappte Laubblätter, die am Rand gezahnt sind. Das Gesamtblatt kann bis 30 Zentimeter groß werden und ist auf der Blattunterseite mit borstigen Haaren versehen. Von Juni bis August bilden sich an dünnen Stielen flache, bis 50-strahlige Blütendolden aus, die keine Hüllblätter besitzen. Diese bestehen aus vielen kleinen weiß bis rosafarbenen Einzelblüten. Die Frucht ist fast rund und abgeflacht und reift in der Zeit von September bis Oktober. Die spindelartige Wurzel ist graubraun und innen weiß, milchig.

30 bis 100 cm

Juni bis Aug.

sonnig bis halbschattig

feucht

mehrjährig

Notizen ..............................................................

..............................................................

..............................................................

..............................................................



..............................................................

# Möhre, Wilde

*Daucus carota*

Die Wilde Möhre ist eine zweijährige Pflanze und zählt zur Familie der Doldenblütler. Sie wird zwischen 30 und 100 Zentimeter hoch und wächst in unserer Region sehr häufig an Wegrainen, Dämmen und am Waldesrand. An einem gefurchten aufrechten Stängel bildet sich in der Blütezeit, die von Mai bis September geht, eine strahlige weiße Blütendolde. Ein Erkennungsmerkmal der Wilden Möhre ist die winzige, schwarz-lila-farbige Blüte in der Mitte ihrer Dolde. Außerdem trägt sie unter der Dolde ein Bärtchen, das ich bei anderen Doldenblütlern noch nicht gesehen habe. Wenn die Blüte der Möhre sich zum Samenstand entwickelt, bildet sie ein richtiges Nest. Die Einzelblüten sind weiß-gelblich gefärbt, die gefiederten Laubblätter eiförmig und weich behaart. Die Wilde Möhre bildet eine dünne weiße Wurzel aus, die essbar ist.

30 bis 100 cm

Mai bis Sept.

halbschattig

normal feucht

zweijährig

Notizen ..........................................................

..........................................................

..........................................................

..........................................................

..........................................................

# Sanikel

*Sanicula europaea*
auch Heildolde, Bauchwehkraut, Heil aller Schäden

Der Sanikel ist eine mehrjährige Pflanze, die in großen Teilen Europas heimisch ist. Er bevorzugt humose, schattige Laubwälder, wächst bis 60 Zentimeter hoch und zählt zur Familie der Doldenblütler. Seine Laubblätter sind glänzend und handförmig gelappt und meist nur im unteren Bereich der Pflanze zu finden. Sie sind leicht zu verwechseln mit Laubblättern des Buschwindröschens und des Hahnenfußes. Der Sanikel hat einen zarten Blütenstand, bestehend aus kleinen Döldchen mit Hüllblättern, die auf verschieden langen Stielen sitzen. Die Blüten können rosa oder weißlich sein und haben ein lang herausragendes Staubblatt. Blütezeit ist von Mai bis Juni. Der Wurzelstock ist braun und kurz, mit vielen kleinen Würzelchen versehen.

20 bis 60 cm

Mai bis Juni

schattig

normal feucht

mehrjährig

Notizen ......................................................................................

......................................................................................

......................................................................................

......................................................................................

......................................................................................

# Schierling, Gefleckter

*Conium maculatum*

**sehr giftig!**

Der Gefleckte Schierling gehört zur Familie der Doldengewächse und kommt an warmen Standorten und in mit Unkraut besiedelten Flächen vor. Er ist zweijährig und hinterlässt nach dem Verreiben einen scharfen mäuseurinartigen, stechenden Geruch. Er ist einer der giftigsten, tödlichsten Pflanzen. Der Gefleckte Schierling kann bis zwei Meter hoch werden, hat einen hohlen, stark gerillten und im unteren Bereich rot bräunlich gefleckten Stängel. Zwischen Juli und September erscheinen an zehn- bis 20-strahligen Dolden die weißen, winzigen Blüten. Die Dolden besitzen Hüllblätter. Die Laubblätter sind drei- bis vierfach gefiedert und stehen wechselständig. Nach der Blüte reifen etwa drei Millimeter lange grünliche Spaltfrüchte. Die spindelförmige, verästete Wurzel ist weißlich und milchsafthaltig.

80 bis 200 cm

Juli bis Sept.

sonnig bis schattig

normal feucht

zweijährig

Notizen ..........................................................

..........................................................

..........................................................

..........................................................

..........................................................

# Sellerie, Echter

*Apium graveolens*
auch Eppich, Gailwurz, Suppenkraut

Der Echte Sellerie wächst hauptsächlich in Feuchtgebieten, an Ufern von Flüssen und Bächen, an salzhaltigen Stellen. Er ist in fast ganz Europa anzutreffen und zählt zur Familie der Doldenblütler. Man kann ihn gut an dem typischen Selleriegeruch erkennen. Der Sellerie ist eine zweijährige Pflanze. Erst im zweiten Jahr wächst der Sellerie bis etwa 60 Zentimeter hoch und bildet weiß-grünliche Blüten, die lockere sechs- bis zehnstrahlige Dolden ohne Hüllblätter bilden, an denen später bräunliche, ovale Samen reifen. Der Stängel ist hohl und verästet. Die Laubblätter des Sellerie sind teilweise dreigeteilt oder fünffach gefiedert und glänzend. Der Echte Sellerie blüht von Juni bis Oktober. Die Pfahlwurzel wächst kurz, ist außen braun und innen weiß.

30 bis 60 cm

Juni bis Okt.

sonnig

feucht

zweijährig

Notizen ..............................

..............................

..............................

..............................

..............................

# Stechapfel, Gemeiner

*Datura stramonium*
auch Hexenkraut, Donnerbügel, Teufelsapfel

Der Stechapfel gehört zu den Nachtschattengewächsen und ist in allen Teilen sehr giftig. Er wächst in ganz Europa auf Schutthalden, an Wegrändern. Der Stechapfel ist eine einjährige strauchartige Pflanze mit einzelnen, aufrechten, trichterförmigen Blüten, welche sich erst nachts öffnen. Diese sind meist weiß, zuweilen auch zartviolett überhaucht und werden bis acht Zentimeter groß. Die jungen Stängel schimmern zartviolett und verströmen bei Berührung einen strengen, narkotischen Geruch. Die Laubblätter sind handgroß, weich und gelappt. Als Frucht reift eine eigroße, stachlige Kapsel, die dann aufplatzt und viele schwarze Samen preisgibt.

| 20 bis 150 cm | Juni bis Okt. | kein Vollschatten | normal feucht | einjährig |
|---|---|---|---|---|

Notizen ..........

# Steinsame, Echter

*Lithospermum officinale*
auch Steinhirse

Der Steinsame ist eine ausdauernde Pflanze aus der Familie der Raublattgewächse, die man in ganz Europa auf kalkhaltigen Böden in sonniger Lage findet. Er wird zwischen 30 und 100 Zentimeter hoch. Seine lanzettenförmigen, bis zu zehn Zentimeter langen Laubblätter sowie auch der Stängel sind mit kleinen rauen Härchen besetzt. Während der Blütezeit von Juni bis Juli erscheinen kleine, fünf Millimeter große weiß-grüne Blüten, die als Trauben zusammenstehen. Als Frucht entstehen kleine, weiße harte Nüsschen. Die Wurzel ist ein Rhizom.

30 bis 100 cm

Juni bis Juli

sonnig

feucht

mehrjährig

Notizen ..............................................................

# Süßdolde

*Myrrhis odorata*
auch Myrrhenkerbel

Die Süßdolde ist eine mehrjährige und winterharte Staude. Sie gehört zu den Doldengewächsen. Im gesamten südeuropäischen Raum ist die Süßdolde heimisch. Man kann sie in lichten Wäldern, auch selten in Wiesen finden. Im halbschattigen Bereich kann sie zu einer stattlichen Pflanze bis zu einem Meter und höher wachsen. Ihre farnartig geteilten und weich behaarten Laubblätter geben der Pflanze ein hübsches Aussehen und ihre cremefarbenen Blüten verströmen einen feinen Anisduft. Die vier- bis 24-strahligen Blütendolden haben keine Hülle. Die Blüten sind weiß und umgekehrt herzförmig. Nach der Blütezeit von Mai bis Juni entwickeln sich aus den Blüten die Früchte beziehungsweise die Samen, die 15 bis 25 Millimeter lang und in reifem Zustand dunkelbraun sind. Die Pfahlwurzel ist lang und weiß.

60 bis 200 cm

Mai bis Juni

sonnig bis schattig

normal feucht

mehrjährig

Notizen ..............................

# Walderdbeere

*Fragaria vesca*
auch Rotbeere, Grasbeere, Wilde Erdbeere

Die Walderdbeere ist eine Rosettenstaude, die nur 20 Zentimeter hoch wird. Sie bildet lange Ausläufer, an denen kleine Ableger wachsen, die sich im Boden zu neuen Pflanzen verankern. Die Wilde Erdbeere wächst in ganz Europa, vor allem in Wäldern, an grasigen Böschungen, am Rande von Waldwegen und auf sonnigen Lichtungen und zählt zu den Rosengewächsen. Die dreizähligen Laubblätter besitzen einen gesägten Rand. Die Blattunterseite ist weißlich behaart. Die Blüte der Walderdbeere hat fünf weiße Blütenblätter. Nach dem Verblühen verdickt sich der Blütenboden, wird fleischig, und es bildet sich die Scheinfrucht, die wir als Erdbeere bezeichnen. Die Erdbeere gehört nicht zu den Früchten, sondern zu den Nüssen. Man kann deutlich rund um die Scheinfrucht die kleinen glänzenden Nüsschen erkennen.

5 bis 20 cm

April bis Juni

sonnig

normal feucht

mehrjährig

Notizen ..............................

..............................

..............................

..............................

# Wiesenkümmel

*Carum carvi*
auch Garbe, Feldkümmel, Brotkümmel

Der Kümmel ist ein zweijähriges Doldengewächs und kann bis zu 60 Zentimeter hoch werden. Er wächst wild in Europa an sonnigen Standorten, in mageren Wiesen. Der Stängel ist kahl und verzweigt. Die Laubblätter sind zwei- bis dreifach gefiedert. Der Wiesenkümmel blüht erst im zweiten Jahr. Während der Blütezeit von Mai bis Juli bilden sich Dolden mit bis zu 16 Strahlen, meist ohne Hüllblätter. Die Blüten daran sind weiß, rosa oder rötlich. Nach der Blüte entwickeln sich die Samen, die zwischen Juli und August reifen. Sie sind dunkelbraun und etwa drei bis sechs Millimeter lang.

30 bis 60 cm

Mai bis Juli

kein Vollschatten

trocken

zweijährig

Notizen ..............................

# Zaunrübe

*Bryonia dioica*

auch Gichtwurz, Teufelsrübe, Heckenrübe

sehr giftig!

Die Zaunrübe kommt in unseren Breiten sehr häufig vor. Sie gehört zu den Kürbisgewächsen und ist eine zweihäusige Pflanze. Mit Vorliebe steht sie am Waldesrand, klettert an Zäunen und Hecken empor, eigentlich überall dort, wo sie sich festhalten kann. Sie kann bis zu vier Meter hoch ranken. Die Zaunrübe hat fünflappige, rau behaarte Laubblätter mit einem Durchmesser von bis zu zehn Zentimetern. Auch der Stängel ist rau behaart. Die männlichen Blüten sitzen an langen Stielen in den Blattachseln und blühen grün-weiß, die weiblichen haben kürzere Stiele und blühen gelb-weiß. Blütezeit ist von Juni bis September. Nach der Bestäubung entwickeln sich grüne Beeren, die zur Reifezeit scharlachrot gefärbt sind. Die Wurzel ist weiß und rübenartig.

2 bis 4 m

Juni bis Sept.

sonnig bis halbschattig

normal feucht

mehrjährig

Notizen ..................................................

# Zaunwinde

*Calystegia sepium*
auch Ackerrauke, Teufelsdarm

Die Zaunwinde ist eine hübsche, ausdauernde Pflanze, die in ganz Europa an nährstoffreichen Stellen, in Gärten, an Zäunen, an Ufern, an Sträuchern und an Rosenbüschen emporklettert. Sie hat meterlange Faserwurzeln. Zwischen Mai und September erscheinen ihre trichterartigen, weißen Blüten. Die Blüte besteht aus fünf miteinander verwachsenen Kronblättern. Sie kann einen Durchmesser von bis zu sieben Zentimetern erreichen. Bei trübem Wetter schließen sich die Blüten, nachts dagegen sind sie geöffnet. Nach der Blüte bilden sich Kapselfrüchte, die die Samen enthalten. Sie zählt zur Familie der Windengewächse. Die Laubblätter sind herzförmig.

1 bis 3 m

Mai bis Sept.

sonnig bis halbschattig

normal feucht

mehrjährig

Notizen ..............................................................

..............................................................

..............................................................

..............................................................

..............................................................

# Zwergholunder

*Sambucus ebulus*
auch Attich, Wilder Flieder, Eppich

leicht giftig!

Der Zwergholunder ist eine große Staude, die gern an Wald- und Wegrändern in Mittel- und Südeuropa auf nährstoffreichen Böden wächst. Er wird bis zu 1,50 Meter hoch. Der Zwergholunder hat gegenüber dem Echten Holunder etwas stärkere, aufrecht stehende Blüten- und Früchtedolden. Die Blüten duften ein wenig bittermandelartig, während die Laubblätter einen eher unangenehmen Geruch verströmen. Die Laubblätter sind gefiedert. Die Blütezeit geht von Juni bis August. Der Zwergholunder zählt zur Familie der Moschuskrautgewächse. Nach der Blüte reifen schwarze, beerenartige Steinfrüchte heran.

60 bis 150 cm

Juni bis Aug.

sonnig bis halbschattig

normal feucht

mehrjährig

Notizen ..........................................................

# Berufkraut, Kanadisches

*Conyza canadensis*
auch Hexenkraut, Dürrwurz, Katzenschweif

Das Berufkraut zählt zur Familie der Korbblütler. Durch die Reichhaltigkeit der flugfähigen Samen, die sich pusteblumenartig bilden, breitete sich die Pflanze sehr schnell aus. Sie wächst heute in ganz Europa an Wegen, auf Feldern, auf Brachland, auf bebautem Boden, an Böschungen, an Bahndämmen und Holzschlägen. Sie erreicht eine Wuchshöhe von bis zu einem Meter, manchmal auch mehr. In der Blütezeit von Juli bis Oktober erscheinen an Rispen unzählige kleine Blüten, die weiß bis grünlich gefärbt sind. Die Laubblätter des Berufkrauts sind lanzettförmig und grobzahnig. Der Stängel und auch die Laubblätter sind behaart. Die Wurzel des Kanadischen Berufkrauts wird mehr als einen Meter lang.

20 bis 100 cm

Juli bis Okt.

sonnig bis halbschattig

normal feucht

einjährig

Notizen ..............................................................

..............................................................

..............................................................

..............................................................

..............................................................

# Bischofskraut

*Ammi visnaga*
auch Zahnstocher-Ammei

leicht giftig!

Das Bischofskraut gehört zur Familie der Doldenblütler. Man findet es auf feuchten Böden vorwiegend im Mittelmeerraum. Die Pflanze wird bis zu 100 Zentimeter hoch. Das Bischofskraut blüht von Juli bis September. In der Blütezeit erscheinen dann unzählige kleine weiße bis grünliche Blüten, die in Dolden stehen. Die Laubblätter des Bischofskraut sind Fiederblättchen, die linealförmig, gestielt und glattrandig wachsen. Um Früchte zu tragen, benötigt die Pflanze sehr hohe Temperaturen. Deshalb findet man hierzulande selten eine Pflanze mit Fruchtstand.

50 bis 100 cm

Juli bis Sept.

sonnig

feucht

einjährig

Notizen ..........

# Eberwurz

*Carlina acaulis*
auch Silberdistel, Wetterdistel, Kraftwurz

Die Eberwurz ist eine streng geschützte Pflanze, die in Mittel- und Südeuropa, vor allem in den Alpen, auf kalkreichen Böden bis hinauf auf 2300 Meter Höhe vorkommt. Sie gehört zur Familie der Korbblütler und hat ein distelähnliches Aussehen. Die Wuchshöhe kann bis zu 40 Zentimeter betragen. Die Laubblätter sind stachelig und rosettenförmig angeordnet. Sie werden bis zu 25 Zentimeter lang. Der Blütenstand ist umgeben von silberfarbenen Hüllblättern und kann durchaus einen Durchmesser von 13 Zentimetern erreichen. Bei feuchter Witterung und nachts schließt sich die Blüte. Die Blütenköpfe sitzen auf sehr kurzen Stielen und breiten sich flach, mit niederliegenden Blättern aus. Die Blütezeit der Eberwurz ist von Juni bis September. Die Pfahlwurzel der Silberdistel ist bis zu einem Meter lang.

2 bis 40 cm

Juni bis Sept.

sonnig

normal feucht

mehrjährig

Notizen ..............................

# Franzosenkraut, Kleinblütiges

*Galinsoga parviflora*
auch Knopfkraut, Lauchhederich

# Franzosenkraut, Bewimpertes

*Galinsoga parviflora ciliata*

Die Franzosenkraut-Arten gehören zur Familie der Korbblütler, haben gestielte Laubblätter, die glatt bis gesägt sind. Im Gegensatz zu dem Bewimperten Franzosenkraut sind Stängel und Blütenhülle des Kleinblütigen Franzosenkrauts nicht behaart. Es liebt einen humosen, trockenen und lockeren Boden. Das Kleinblütige Franzosenkraut hat glatte, etwas glänzende Laubblätter (Abbildung rechts). Das Bewimperte Franzosenkraut (Abbildung links) hat etwas größere Blüten und ist insgesamt eine größere Pflanze. Die Samen können bis zu elf Jahre keimfähig bleiben.

10 bis 60 cm

Mai bis Okt.

sonnig

trocken

einjährig

Notizen ..........................................................

# Gänseblümchen

*Bellis perennis*
auch Marienblümchen, Maßliebchen und Tausendschön

Das Gänseblümchen gehört zur Familie der Korbblütler und wächst in Europa an Wegrändern, auf feuchten Wiesen, auch im Vorgarten, wenn er nicht so oft gemäht wird. Es wird bis zu 15 Zentimeter hoch. Die Blütezeit des Gänseblümchens reicht von Februar bis November. Seine Merkmale sind: kleine Rosetten, aus deren Mitte ein blattloses Stielchen mit einem kleinen Korbblütchen wächst. Die kleinen weißen Zungenblüten, unterseits leicht rosa gefärbt, umrahmen ein gelbes, gewölbtes Köpfchen. Die Laubblätter des Gänseblümchens sind verkehrt eiförmig. Die Vermehrung findet über die Rhizome oder die Pusteblumen statt, die durch Regen, Wind und Tiere verbreitet werden. Als Frucht bilden sich kleine Nüsschen.

5 bis 15 cm

Feb. bis Nov.

sonnig

feucht

mehrjährig

Notizen ..............................................................................

..............................................................................

..............................................................................

..............................................................................

..............................................................................

# Katzenpfötchen, Gewöhnliches

*Antennaria dioica*
auch Immortelle, Himmelfahrtblümchen

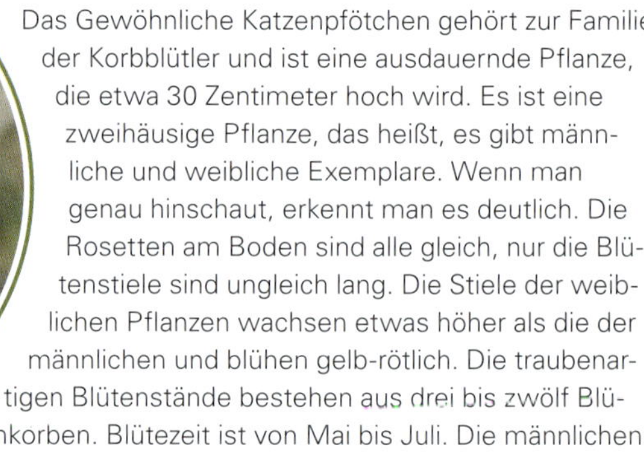

Das Gewöhnliche Katzenpfötchen gehört zur Familie der Korbblütler und ist eine ausdauernde Pflanze, die etwa 30 Zentimeter hoch wird. Es ist eine zweihäusige Pflanze, das heißt, es gibt männliche und weibliche Exemplare. Wenn man genau hinschaut, erkennt man es deutlich. Die Rosetten am Boden sind alle gleich, nur die Blütenstiele sind ungleich lang. Die Stiele der weiblichen Pflanzen wachsen etwas höher als die der männlichen und blühen gelb-rötlich. Die traubenartigen Blütenstände bestehen aus drei bis zwölf Blütenkorben. Blütezeit ist von Mai bis Juli. Die männlichen Pflanzen blühen gelblich-weiß. Die Pflanze ist filzig behaart. Sie liebt Heiden und trockene Matten, aber auch lichte Wälder und Gebüsch. Die Früchte sind, ähnlich wie beim Löwenzahn, Schirmchen, die der Wind verbreitet.

6 bis 30 cm

Mai bis Juli

halbschattig

trocken

mehrjährig

Notizen ..........................................................

# Knorpelmöhre, Große

*Ammi majus*
auch Hohes Bischofskraut

leicht giftig!

Die Große Knorpelmöhre gehört zur Familie der Doldenblütler. Sie stammt ursprünglich aus dem Mittelmeerraum. Man findet sie aber mittlerweile auch in Zentraleuropa auf feuchten Böden. Die Pflanze wird bis zu 100 Zentimeter hoch. Die Große Knorpelmöhre blüht von Juni bis Oktober. In der Blütezeit erscheinen unzählige kleine weiße bis grünliche Blüten, die in bis zu achtzigstrahligen Dolden stehen. Die Laubblätter der Großen Knorpelmöhre sind eiförmige Fiederblättchen, die gestielt und fein gesägt sind. Um Früchte zu tragen, benötigt die Pflanze sehr hohe Temperaturen. Deshalb findet man hierzulande selten eine Pflanze mit Fruchtstand.

bis 100 cm

Juni bis Okt.

sonnig

trocken

einjährig

Notizen ..........

# Schafgarbe

*Achillea millefolium*
auch Tausendblatt, Kachelkraut, Bauchwehkraut

Die Schafgarbe gehört zur großen Familie der Korbblütengewächse. Sie kann 40 bis 80 Zentimeter hoch wachsen und hat stark gefiederte Laubblätter. Der Stängel steht aufrecht und ist sehr hart. Sie trägt weiße, manchmal auch zartrosa Trugdolden. Die Blütenkörbchen werden bis zu zehn Millimeter groß und haben gelbe Röhrenblüten. Blütezeit ist von Mai bis Juni. In ganz Europa ist sie heimisch auf Wiesen, Feldwegen und in Gärten. Wo sich die Schafgarbe einmal angesiedelt hat, ist sie schwer wieder zu vertreiben. Sie wächst gern entlang Wasseradern, hat aber ihre Füße lieber im Trockenen stehen. Die Verbreitung findet durch Ausläufer oder durch den Wind verwehte Samen statt. Als Frucht wird eine Nuss gebildet.

40 bis 80 cm

Mai bis Juni

halbschattig

trocken

mehrjährig

Notizen ..............................................

# Augentrost

*Euphrasia officinalis*
auch Augustinuskraut, Milchdieb, Wegleuchte

Der Augentrost ist eine einjährige Pflanze, die in Europa fast überall in trockenen Wiesen, Heiden und Grashängen wächst, und zählt zur Familie der Sommerwurzgewächse. Sie ist ein Halbschmarotzer und wird 10 bis 30 Zentimeter hoch. Der untere Teil der Pflanze ist fast kahl, im oberen Teil verzweigt sie sich sehr. Halbschmarotzer heißt, ihre Wurzeln sitzen mit ihren Saugorganen auf benachbarten Wirtspflanzen. In den Achseln der oberen Laubblätter wachsen die winzigen Blüten in weiß bis violett gestreift mit gelbem Schlund. Die Blütezeit ist von Juli bis September. Die Laubblätter sind stark gezahnt und haben eine ovale Form. Der Stängel wächst aufrecht, weich, behaart und sehr verzweigt. Es bilden sich Kapselfrüchte.

10 bis 30 cm

Juli bis Sept.

sonnig

trocken

einjährig

Notizen ..................................................

# Bockshornklee

*Trigonella foenum-graecum*
auch Griechisches Heu, Faule Grete, Kuhhorn

Der Bockshornklee ist ein einjähriger Hülsenfrüchtler. Er kommt ursprünglich aus Griechenland. Hier und da ist er noch verwildert anzutreffen. Die Pflanzen werden bis 60 Zentimeter hoch, wachsen aufrecht und blühen schmutzig weiß. Die Blüten verbergen sich zwischen den obersten Laubblättern und werden etwa 15 Millimeter lang. Die Laubblätter sind kleeartig, der Stängel rund und aufrecht. Die Pflanze hat einen unangenehmen, starken Geruch. Der Bockshornklee blüht von April bis Juli. Er bildet lange Hülsenfrüchte aus, die bis zu zwanzig Samen enthalten.

30 bis 60 cm

April bis Juli

sonnig

trocken

einjährig

Notizen ..........

# Muskatellersalbei

*Salvia sclarea*
auch Scharlachsalbei

Der Muskatellersalbei ist eine zweijährige krautige Pflanze, die in Südeuropa an trockenen, warmen Hängen wächst. Auch in unserer Region ist er vereinzelt ausgewildert zu finden. Er kann zwischen 50 und 120 Zentimeter hoch werden. Im ersten Jahr bildet er eine Rosette, im zweiten wachsen erst die Blütenstiele empor. Man zählt ihn zur Familie der Lippenblütler. Während der Blütezeit von Juni bis Juli erscheinen die Blüten. Muskatellersalbei kann reinweiß blühen, aber auch zartrosa bis lila. Die Pflanze hat herzförmige, behaarte, graue Laubblätter. Bei Berührung verströmt der Muskatellersalbei einen starken Duft.

50 bis 120 cm

Juni bis Juli

sonnig

trocken

zweijährig

Notizen ..........................................................

# Barbarakraut

*Barbarea vulgaris*
auch Winterkresse, Echtes Barbenkraut

Das Barbarakraut ist eine zweijährige kleine Pflanze, die in fast ganz Europa an Flussufern, Wegrändern, an Schuttplätzen, an feuchten und nährstoffreichen Stellen wächst. Die Pflanze wird zwischen 30 und 90 Zentimeter hoch und gehört zur Familie der Kreuzblütler. Das Barbarakraut blüht von Mai bis Juni mit seinen goldgelben endständigen Trauben. Die Laubblätter im unteren Pflanzenbereich sind glänzend, dunkelgrün, oval mit leicht gewelltem Rand. Die oberen Laubblätter sind gefiedert. Im Herbst behält es das Grün seiner Laubblätter, sie verfärben sich nicht. Im Frühling sprießen wieder neue Barbarakraut-Pflanzen aus dem Boden, die sich selbst ausgesät haben. Als Samen werden Schotenfrüchte gebildet, die 1,5 bis drei Zentimeter lang werden.

30 bis 90 cm

Mai bis Juni

halbschattig

feucht

zweijährig

Notizen ..............................................

..............................................

..............................................

..............................................

 ..............................................

# Nachtkerze

*Oenothera biennis*
auch Schinkenkraut, Abendblume

Die Nachtkerze zählt zur Familie der Nachtkerzengewächse. Sie wächst mit Vorliebe an Eisenbahndämmen und an unkultivierten Orten. Sie ist zweijährig. Im ersten Jahr bildet sie eine Rosette, die eng an der Erde anliegt. Erst im nächsten Frühjahr wächst sie nach oben. Sie wird zwischen 50 und 200 Zentimeter hoch. Wenn sie sich dicht ausgesät hat, wachsen schlanke, unverzweigte Blütenstiele nach oben, an deren oberen Teilen aus den Blattachseln große gelbe Blüten sprießen, die sich erst in der Abenddämmerung öffnen. Die Nachtkerze blüht die ganze Nacht über. Nach der Blütezeit von Juni bis Oktober bilden sich die Samenkapseln aus. Am nächsten Mittag sind die Blüten schon verwelkt und fallen ab. Steht eine Pflanze als Solitärstaude, wird sie breit, buschig und verzweigt sich sehr. Die Wurzel der Nachtkerze ist dick, fleischig und etwas rötlich.

50 bis 200 cm

Juni bis Okt.

sonnig

normal feucht

zweijährig

Notizen ..............................................................

# Schöllkraut

*Chelidonium majus*
auch Goldwurz, Warzenkraut

leicht giftig!

Das Schöllkraut gehört zur Familie der Mohngewächse und ist in ganz Europa in Hecken, an Wegrändern und auf Mauern zu finden. Die krautartig wachsende Pflanze kann bis zu 70 Zentimeter hoch werden und bildet aufrecht stehende, verzweigte, behaarte Stängel. An diesen stehen die gefiederten Laubblätter, die im unteren Bereich eine Rosette bilden. Die Blattfarbe ist, vor allem an der Blattunterseite, grün-blau. Die Pflanze enthält einen giftigen, gelblich-orangefarbenen, unangenehm riechenden Milchsaft. Während der Blütezeit, die von Mai bis September geht, bildet das Schöllkraut kleine gelbe, vierblättrige Blüten aus, die doldenartig angeordnet sind. Die Dolden bestehen meist aus nur zwei bis sechs Einzelblüten. Nach der Blüte entwickeln sich die Samenkapseln, die schotenartig und bis zu fünf Zentimeter lang sind. Darin enthalten sind die eiförmigen schwarzen Samen.

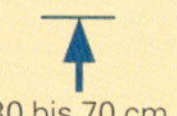
30 bis 70 cm

Mai bis Sept.

halbschattig

normal feucht

mehrjährig

Notizen ..............................................................

..............................................................

..............................................................

..............................................................

..............................................................

# Senf, Wilder

*Sinapis arvensis*
auch Acker-Senf

Der Wilde Senf zählt zum Kreuzblütengewächs, das in ganz Europa auf Brachland, Unkrautfluren, an Wegrändern, an Flussufern und an Ackerrändern vorkommt. Er ist eine einjährige krautige Pflanze mit kleinen, doldenähnlichen Blüten-Trauben, die von Juni bis Oktober in Gelb erscheinen. Die hellgelben Blütenblätter stehen nach außen ab und werden etwa 1,3 Zentimeter groß. Der Wilde Senf erreicht eine Wuchshöhe von 30 bis 60 Zentimetern. Der Stängel ist kantig und im oberen Bereich der Pflanze verzweigt. Die Laubblätter sind im unteren Bereich oval und stark gezahnt. Im oberen Bereich eher lanzettenförmig gezahnt. Nach der Blüte entwickeln sich längliche Schoten mit schwarzen, runden Samen. Eine einzige Pflanze kann tausende der Samen hervorbringen.

30 bis 60 cm

Juni bis Okt.

halbschattig

normal feucht

einjährig

Notizen ..........................................................

..........................................................

..........................................................

..........................................................

..........................................................

# Bilsenkraut, Schwarzes

*Hyoscyamus niger*
auch Götterpflanze, Teufelskraut, Zahnkraut

sehr giftig!

Das mehrjährige krautige Bilsenkraut gehört zur Familie der giftigen Nachtschattengewächse. Man findet es in ganz Europa auf Schuttplätzen, am Fuß von Mauern, an Wegrändern und auf Viehweiden. Das Schwarze Bilsenkraut wird bis 100 Zentimeter hoch. Es blüht meist von Juni bis Oktober mit schmutzig-gelben, drei Zentimeter breiten Trichterblüten, die von rot-bläulichen Adern durchzogen sind. Die Blüten sind rispenartig angeordnet. Der kaum verzweigte Stängel sowie die eiförmigen Laubblätter sind klebrig und stark behaart. Die Samen sitzen in einer Kapselfrucht und sind von bräunlich grauer Farbe. In einer Kapsel findet man bis zu 400 Samen, die mehrere hundert Jahre ihre Keimfähigkeit behalten.

20 bis 100 cm

Juni bis Okt.

halbschattig

normal feucht

mehrjährig

Notizen ..........

# Enzian, Gelber

*Gentiana lutea*
auch Bitterwurz, Fieberwurz, Branntweinwurz

Der Gelbe Enzian, der zur Familie der Enziangewächse zählt, kommt vorwiegend in Mittel- und Südeuropa, hauptsächlich im Gebirge vor. Er ist mehrjährig und steht unter Naturschutz. Er kann bis 1,50 Meter hoch werden. Die Pflanze bildet zuerst eine Blattrosette aus. Nach einigen Jahren wächst daraus ein hohler Stängel, an dem sich lanzettförmige, breite, blaugrüne Laubblätter befinden. Erst nach vier bis sechs Jahren blüht die Pflanze gelb bis goldgelb. Bis jeweils zehn Einzelblüten stehen doldenartig zusammen. Die Einzelblüte ist fünfblättrig mit langen Staubblättern. Blütezeit ist von Juni bis August. Danach wird eine sechs Zentimeter lange Kapselfrucht ausgebildet, welche bis zu 100 Samen enthalten kann.

50 bis 150 cm

Juni bis Aug.

halbschattig

normal feucht

mehrjährig

Notizen ..........

# Fingerkraut, Gänse-

*Potentilla anserina*
auch Silberkraut, Krampfkraut, Gänserich

Das Gänsefingerkraut zählt zur Familie der Rosengewächse. Es gedeiht an Straßenrändern, brachliegenden Flächen und Parks. Es wird nur etwa zehn Zentimeter hoch und hat lange seitliche Ausläufer. Die Laubblätter des Gänsefingerkrauts sind gefiedert. Die Blattunterseite erscheint grau-blau und ist weich behaart. Die obere Blattseite dagegen ist kahl. Während der Blütezeit von Juni bis August bildet sich die gelbe Blüte aus. Blütenblätter und -stängel sind ebenfalls behaart. Als Frucht werden kleine Nüsse gebildet.

10 cm

Juni bis Aug.

kein Vollschatten

normal feucht

mehrjährig

Notizen ..........

# Gilbweiderich, Gemeiner

*Lysimachia vulgaris*
auch Felberich

Der Gilbweiderich wächst in fast ganz Europa an feuchten Standorten – in Mooren, an Flussufern und in feuchten Wäldern. Das Kraut wird oft mit dem Kraut des Blutweiderichs verwechselt. Beide Pflanzen sind aber nicht miteinander verwandt. Der Gilbweiderich hat gerade, feste, rot-braun gefleckte Stängel, an deren Spitze ein pyramidenartiger, goldgelber Blütenstand von Juni bis August leuchtet. Die Blüten haben einen rötlichen Kelch. Die Laubblätter sind eiförmig. Er wird bis 1,50 Meter hoch. Der Gilbweiderich zählt zur Familie der Primelgewächse. Er bildet Kapselfrüchte aus.

50 bis 150 cm

Juni bis Aug.

sonnig

feucht

mehrjährig

Notizen ..................................................

..................................................

..................................................

..................................................

 ..................................................

# Johanniskraut, Echtes

*Hypericum perforatum*
auch durchlöchertes Johanniskraut,
Tüpfeljohanniskraut, Tüpfelhartheu

Das Echte Johanniskraut ist an Waldrändern, Böschungen und Wiesen zu finden. Es zählt zur Familie der Johanniskrautgewächse. Die bis zu 90 Zentimeter hoch werdende Pflanze hat eiförmige Laubblätter, die am Rand kleine Pünktchen aufweisen. Der aufrecht wachsende, zweifach gefurchte rötliche Stängel ist nicht hohl. Hieran lässt sich das Echte Johanniskraut von anderen Johanniskräutern gut unterscheiden. Während der Blütezeit zwischen Juli und August erscheinen die gelben, rispenförmig angeordneten Blüten. Auch die Blütenblätter tragen schwarze Pünktchen. Zerreibt man einige Blüten zwischen den Fingern, färben sich diese rot. Als Frucht wird eine Kapsel mit kleinen Samen gebildet.

50 bis 90 cm

Juli bis Aug.

kein Vollschatten

feucht

mehrjährig

Notizen ..........................................................

# Königskerze

*Verbascum thapsiforme*
auch Wollblume, Himmelbrand

Die Königskerze ist eine zweijährige Pflanze, die mit ihrer imposanten Erscheinung auf trockenem Boden an Wegen und Schuttplätzen in ganz Europa zu finden ist. Sie zählt zur Familie der Rachenblütler, wird bis zu zwei Meter hoch und wächst kerzengrade nach oben. Im ersten Jahr bildet sich eine Blattrosette mit weichen, bis zu 50 Zentimeter großen Laubblättern. Erst im zweiten Jahr wächst der Stängel mit ährenförmigem Blütenstand. Die Knospen erblühen von unten zur Spitze hin. Die Blütezeit geht von Juni bis August. Die fünfblättrige Blüte ist von intensiver gelber Farbe. Als Frucht bildet sich eine Kapsel, die viele Samen enthält.

30 bis 50 cm

Juni bis Aug.

sonnig

trocken

zweijährig

Notizen ..............................

..............................

..............................

..............................

 ..............................

# Pastinake

*Pastinaca sativa*
auch Dickmöhre, Hammelmöhre, Schafwurz

Die Pastinake ist in fast ganz Europa anzutreffen. Sie gehört zur großen Familie der Doldengewächse. Ihre Dolde ist aus vielen kleinen Döldchen zusammengesetzt. Die Pastinake siedelt sich gern an Wegrändern, Gräben, Unkrautfluren und in Steinbrüchen an. Es ist eine zweijährige Staude, die einen Meter hoch wird. Im ersten Jahr wächst eine Rosette, und erst im zweiten Jahr wächst die Pflanze heran, verzweigt sich und blüht in einer strahligen Blütendolde mit gelben Blüten. Die Blütezeit geht von Juli bis September. Der Stängel ist kantig gefurcht. Die Laubblätter der Pastinake sind gefiedert. Als Samen bilden sich kleine Spaltfrüchte aus. Die Wurzel ist eine Rübe, ähnlich der Möhre.

30 bis 100 cm

Juli bis Sept.

sonnig

normal feucht

zweijährig

Notizen

# Pfennigkraut

*Lysimachia nummularia*
auch Hellerkraut, Tausenkrankheitskraut

Das Pfennigkraut ist ein niederliegendes Primelgewächs mit kriechendem Stängel sowie Laubblättern, deren Aussehen der Form von Münzen gleicht. Das Pfennigkraut wächst sehr verbreitet in West- und Mitteleuropa und wird bis fünf Zentimeter hoch. Man findet die Pflanze an feuchten Stellen im Gebüsch, in Wiesen, an Gräbern, in Wäldern und an Wegrändern. Das Pfennigkraut ist ausdauernd. Im Frühjahr, wenn das Pflänzchen aus der Erde sprießt, ist es nicht gleich zu entdecken, da es sich mit seinen langen Armen fest an den Boden drückt. Erst wenn die gelben Blüten erscheinen, die einzeln aus den Blattschalen wachsen, erkennt man das Pfennigkraut. Die Blütezeit reicht von Juni bis August. Die Pflanze breitet sich durch Ausläufer aus. Früchte bildet sie nur selten.

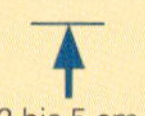
2 bis 5 cm

Juni bis Aug.

halbschattig

feucht

mehrjährig

Notizen ..........................................................

# Portulak

*Portulaca oleracea*
auch Burzelkraut

Der Portulak ist eine einjährige kleine Pflanze mit fleischigen, niederliegenden Stängeln und Laubblättern. Sie wächst am Wegesrand, und die kleinste Mauerritze genügt ihr zum Gedeihen. Der Portulak ist in Europa und Asien heimisch, aber auf der ganzen Welt verbreitet. Er zählt zur Familie der Portulakgewächse und ist eine krautig wachsende, bis 30 Zentimeter hohe Pflanze. Ihr Wuchs ist verzweigt mit liegenden Trieben, aus denen die bis drei Zentimeter langen Laubblätter wachsen. Die Laubblätter haben eine glänzende Oberfläche, die frisch grün erscheint. Blütezeit des Portulaks ist von Juli bis August. Er blüht mit kleinen gelben, meist fünfblättrigen Blüten, die bis zu 15 Staubblätter aufweisen können. Nach der Blüte bildet sich die eiförmige Frucht aus, die bis vier Millimeter groß ist. Darin sind winzige, runde schwarze Samen enthalten.

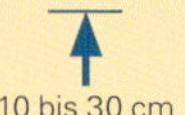
10 bis 30 cm

Juli bis Aug.

sonnig

trocken

einjährig

Notizen ..........

# Schlüsselblume

*Primula veris officinalis*
auch Himmelsschlüssel, Apothekerblume, Arzneiprimel

Die Schlüsselblume ist eine mehrjährige Pflanze mit verzweigtem, dickem Wurzelstock. Sie wächst in ganz Europa in Wiesen und an sonnigen Hängen bis auf 2000 Meter Höhe. Die unter Naturschutz stehende Pflanze gehört zur Familie der Primelgewächse und wächst acht bis 30 Zentimeter hoch. Die Schlüsselblume blüht von April bis Juni. Die fünfzähligen goldgelben Blüten hängen in kleinen Dolden leicht nach unten gerichtet an einem blattlosen, behaarten Stängel, der aus der Blattrosette wächst. Die Laubblätter sind runzelig und bis zu 12 Zentimeter lang. Nach der Blüte bilden sich Kapselfrüchte, die kleine schwarze Samen enthalten.

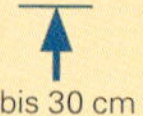
8 bis 30 cm

April bis Juni

sonnig

normal feucht

mehrjährig

Notizen ..........

# Arnika, Echte

*Arnika montana*
auch Bergwohlverleih

Die Echte Arnika gehört zur Familie der Korbblütler und ist eine mehrjährige Pflanze. Man findet sie hauptsächlich im Gebirge. Sie wird zwischen 15 und 20 Zentimeter hoch und bildet im ersten Jahr nur eine Blattrosette aus. Erst im zweiten Jahr wächst ein behaarter Stängel, an dessen Ende sich die schöne gelb-orange Korbblüte bildet. Die Blütezeit geht von Juni bis in den August hinein. Die Stängellaubblätter sind lanzettförmig, die grundständigen Laubblätter behaart und eher eiförmig. Das am Rand der Korbblüte sitzende Blütenblatt hat drei kleine Zähnchen an seiner Spitze, daran kann man die Arnika gut erkennen. Als Frucht bildet sich eine Pusteblume mit den Samen.

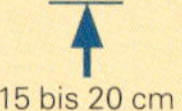
15 bis 20 cm

Juni bis Aug.

halbschattig

feucht

mehrjährig

Notizen ..........

# Beifuß, Gewöhnlicher

*Artemisia vulgaris*
auch Wilder Wermut, Mugwurz (Machtwurz)

Der Beifuß ist eine ausdauernde Pflanze, die eine Höhe von einem Meter bis 1,50 Meter erreichen kann, und gehört zur Familie der Korbblütler. Allgemein wird er als Unkraut bezeichnet und wächst in unserer Region sehr häufig an Wegrändern, auf Schutthalden, an Böschungen, an Zäunen, überall, wo es ihm gefällt. Die Blüten stehen rispenförmig mit winzigen gelblichen, weißlich-grauen oder rotbraunen Blütenkörbchen. Die Blütezeit ist von Juli bis September. Der Stängel des Gewöhnlichen Beifuss ist gefurcht und rötlich gefärbt. Er besitzt gefiederte Laubblätter, die behaart sind. Als Frucht entsteht eine kleine gelbe Nuss. In jeder Frucht befindet sich ein einziger brauner Samen.

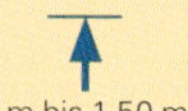
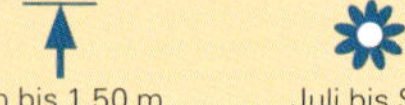
1 m bis 1,50 m

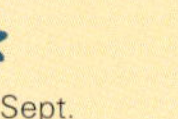
Juli bis Sept.

halbschattig

normal feucht

mehrjährig

Notizen ..............................................................

..............................................................

..............................................................

..............................................................

..............................................................

# Benediktendistel

*Cnicus benedictus*
auch Benediktenkraut, Heildistel, Bitterdistel, Magendistel

Die Heimat der Benediktendistel ist eigentlich der Mittelmeerraum, aber sie kommt auch vereinzelt in Mitteleuropa vor. Man findet sie oft an Bachufern und auf feuchten Wiesen. Die einjährige Pflanze gehört zur Familie der Korbblütler. Sie wird etwa 50 Zentimeter hoch und verzweigt sich sehr. Die äußeren Zweige sind niederliegend und somit bekommt die Pflanze einen Durchmesser von ungefähr 60 Zentimetern. Die gelben Blüten sind körbchenartig in einem Durchmesser von drei bis vier Zentimetern angeordnet und von vielen stachligen, etwa 30 Zentimeter langen, klebrigen Laubblättern umgeben. Der Stängel wird etwa einen Zentimeter dick und ist oft hohl und behaart. In unseren Breitengraden blüht die Benediktendistel im Juni. Sie sät sich selber aus.

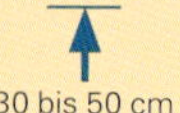
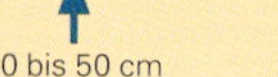
30 bis 50 cm

Juni

halbschattig

feucht

einjährig

Notizen ..........

# Bocksbart, Wiesen-

*Tragopogon pratensis*

Der Wiesen-Bocksbart zählt zur Familie der Korbblütler. Er kommt in Fettwiesen oder auch an Wegrändern vor und kann bis 80 Zentimeter hoch werden. An einem hohlen rötlichen Stängel bilden sich wie Gras aussehende, bis zu 50 Zentimeter lange Laubblätter, die längs von einem weißlichen Streifen durchzogen sind. Von Mai bis August blüht der Wiesen-Bocksbart in goldgelben, vier bis sieben Zentimeter breiten Blüten, die an Körbchen erinnern. Das Körbchen wird von langen gelben Blütenblättern eingefasst und besteht meist aus 20 bis 50 einzelnen Blütenblättern mit teilweise braun-violetten Staubbeuteln. Der Wiesen-Bocksbart öffnet seine Blüten nur bei schönem Wetter. Die Blüten werden in der Mittagszeit wieder geschlossen. Nach der Blütezeit bilden sich lange Samenfrüchte, die, ähnlich einer Pusteblume, die ehemalige Blüte umgeben.

50 bis 80 cm

Mai bis Aug.

sonnig

normal feucht

zweijährig

Notizen ..........

..........

..........

..........

# Eberraute

*Artemisia abrotanum*
auch Eberreis, Zitronenkraut, Gartenheil

Die Eberraute zählt zur Familie der Korbblütler. Sie wächst vereinzelt auf Ödland und Schuttplätzen. Die Pflanze kann eine Höhe von bis zu einem Meter erreichen. Als Halbstrauch wird sie bis zu 60 Zentimeter breit. Die Eberraute bildet viele einzelne aufrechte und verzweigte Stängel, an denen sich die fein gefiederten Laubblätter bilden. Im späten Juli bis in den Oktober hinein erscheinen die winzigen gelben Korbblüten, die in traubenartigen Ähren stehen. In kalten Sommern bleibt die Blüte allerdings aus. Die Pflanze verströmt einen zitronenartigen Duft.

60 bis 100 cm

Juli bis Okt.

sonnig

trocken

mehrjährig

Notizen ..........

# Eisenkraut, Griechisches

*Sideritis scardica*
auch Berufskraut, Griechisches Bergkraut, Griechischer Bergtee

Das Griechische Eisenkraut wächst bevorzugt in den Bergen Griechenlands. Aber es gedeiht auch vereinzelt in unserer Region, vorwiegend in Kräutergärten angebaut. Es gehört zur Familie der Lippenblütler. Die Pflanze wächst zu einem mehrjährigen Strauch oder Busch heran und erreicht eine Wuchshöhe von 30 bis 50 Zentimetern. Die Laubblätter sind lang und schmal, graugrün gefärbt und filzig. In der Blütezeit von Juli bis August bilden sich die kerzenförmig nach oben wachsenden grüngelben Blüten. In den niedrigen Lagen wachsen an einem Stängel zwischen zehn und 90 Einzelblüten, in höheren Lagen meist nur zwei bis 15 Triebe.

30 bis 50 cm

Juli bis Aug.

sonnig

trocken

mehrjährig

Notizen ……………………………………

# Fenchel, Wilder

*Foeniculum vulgare*
auch Brotgewürz, Langer Anis, Frauenfenchel

Der Wilde Fenchel gehört zur Familie der Doldengewächse und ist eine zweijährige bis dauerhafte Pflanze. Er stammt zwar ursprünglich aus dem Mittelmeerraum, ist aber bei uns seit Langem wild anzutreffen. Er wird zwischen 80 und 200 Zentimeter groß. Die Pflanze hat einen kahlen, verzweigten Stängel mit gefiederten Laubblättern, die etwas an Dill erinnern. Von Juli bis September erscheinen an den Dolden gelbe Blüten, aus denen sich die rippenförmigen Samen entwickeln. Der Stängel ist rund und glatt.

80 bis 200 cm

Juli bis Sept.

sonnig

normal feucht

zweijährig

Notizen

# Goldrute, Echte

*Solidago virgaurea*
auch Heidnisch-Wundkraut, Zahnwehkraut

Die Echte Goldrute ist eine mehrjährige Pflanze in der Familie der Korbblütler. Sie wird zwischen 30 und 90 Zentimeter hoch. Man findet sie auf Heideflächen, in Laubwäldern und trockenen Wiesen. Der aufrechte Stängel ist rund und rötlich gefärbt. Während der Blütezeit von Juni bis September erscheinen dann die kleinen gelben Korbblüten, die traubenartig angeordnet sind. Die Laubblätter der Echten Goldrute sind im unteren Bereich der Pflanze relativ groß und eiförmig, an der oberen Pflanze länglich. Nach der Blüte bilden sich Nussfrüchte, die feine Härchen besitzen.

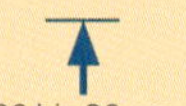
30 bis 90 cm

Juni bis Sept.

halbschattig

trocken

mehrjährig

Notizen ....................

# Habichtskraut, Kleines

*Hieracium pilosella*
auch Felsenblümchen, Mausohrkraut, Dukatenröschen

Das Habichtskraut zählt zur Familie der Korbblütler. Es ist eine ausdauernde Pflanze, die in Europa weit verbreitet ist. Das Habichtskraut wächst bevorzugt auf grasbewachsenen Böden und bildet, wo es ihm gefällt, richtige Teppiche. Es ist eine kleine Pflanze, höchstens 30 Zentimeter hoch. Sie wächst in Form einer Rosette, aus deren Mitte die blattlosen Stiele mit einem gelben Korbblütchen wachsen. Die Laubblätter sind oval und borstig behaart. Die Blütezeit reicht von Mai bis Juni. Nach der Blüte entwickelt sich eine Pusteblume mit Samenschirmchen, die von Juli bis September heranreifen. Das Habichtskraut vermehrt sich leicht mit seinem kriechenden Wurzelstock.

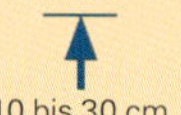
10 bis 30 cm

Mai bis Juni

sonnig

trocken

mehrjährig

Notizen

# Heiligenkraut

*Santolina chamaecyparissus*
auch Heiligengarbe, Zypressenkraut

Das Heiligenkraut gehört zu den Korbblütengewächsen. Es wächst in Mitteleuropa vereinzelt in freier Natur, häufiger aber in Vorgärten oder auf Friedhöfen. Es ist ein immergrüner buschiger Halbstrauch, der etwa 20 bis 50 Zentimeter hoch wird. Die Blüten erscheinen von Mai bis in den August hinein. Die vielen kleinen Einzelblüten sind gelb und bilden zusammen eine Gesamtblüte. Die Laubblätter sind lang, rundlich, haben kleine Zähne und sind von gräulicher Farbe. Die Pflanze verbreitet einen intensiven, würzigen Duft.

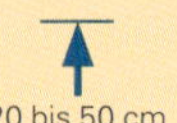
20 bis 50 cm

Mai bis Aug.

sonnig

trocken

mehrjährig

Notizen ..............................

..............................

..............................

..............................

..............................

# Jakobs-Kreuzkraut

*Senecio jacobaea*
auch Greiskraut

sehr giftig!

Das zweijährige Jakobs-Kreuzkraut wächst auf Schutthalden, am Straßenrand und hauptsächlich auf feuchten Wiesen. Es kann bis zu einem Meter hoch werden. Seine gelben Blütenköpfchen erscheinen erst im zweiten Jahr von Juli bis September. Die Pflanze ist in Europa heimisch, aber auch in Asien und Nordafrika. Die Laubblätter sind länglich und gefiedert. Die Blattrosette der einjährigen Pflanze allerdings besitzt gebuchtete Laubblätter. Der Stängel ist oft rötlich überzogen. Bei uns gilt das Jakobs-Kreuzkraut als ein gefürchtetes Weideunkraut. Jakobs-Kreuzkraut ist für Pferde, Rinder und Schafe sehr giftig und wird auch in der Regel von diesen Tieren gemieden.

50 bis 100 cm

Juli bis Sept.

sonnig

feucht

zweijährig

Notizen ..............................................................

# Rainfarn, Gemeiner

*Tanacetum vulgare*
auch Wurmkraut

Der oft an Wegen, Schotter- und Unkrautflächen vorkommende Gemeine Rainfarn zählt zur Familie der Korbblütler und erreicht eine Wuchshöhe zwischen 30 und 100 Zentimetern. Seine Laubblätter sind lanzettförmig, gefiedert und leicht behaart. Sie sitzen an einem aufrechten, gefurchten Stängel, der im oberen Bereich der Pflanze verzweigt. Dort wachsen während der Blütezeit, die von Juli bis September geht, die gelben Korbblüten. Die etwa einen Zentimeter großen Blüten, die aus bis zu 100 Röhrenblüten bestehen, sind schirmartig angeordnet. Der Rainfarn ist eine sogenannte Kompasspflanze, die ihre Laubblätter bei direkter Sonne nach Süden ausrichtet. Die Pflanze verströmt einen herb-würzigen Geruch.

30 bis 100 cm

Juli bis Sept.

sonnig

normal feucht

mehrjährig

Notizen ....................................................................

# Ringelblume

*Calendula officinalis*
auch Ringelrose, Goldblume, Totenblume, Studentenblume

leicht giftig!

Die hübsche einjährige Ringelblume gehört zur Familie der Korbblütler und kann Wuchshöhen von 30 bis 50 Zentimeter, vereinzelt bis zu 70 Zentimetern, erreichen. Die Stängel sind vierkantig, die Laubblätter oval, lanzettförmig und behaart. Während der Blütezeit von Juni bis Oktober bilden sich die gelben bis orangefarbenen Blüten aus. Die Blüten können vier bis sieben Zentimeter groß werden. Die Samen sehen aus wie kleine ringelförmige Raupen. Der Knopf in der Mitte der Blüte ist giftig.

30 bis 50 cm

Juni bis Okt.

sonnig

normal feucht

einjährig

Notizen

# Scharbockskraut

*Ranunculus ficaria*
auch Feigwurz, Frühsalat, Gichtblatt, Erdgerste

Das Scharbockskraut wächst sehr verbreitet in ganz Europa. Man findet es in Hecken, in Laubmischwäldern, an feuchten Ufern und in Wiesen und Obstgärten, wo es ganze Teppiche bildet. Es ist eine sehr beachtete Frühjahrspflanze. Aus ihren keulenartigen Wurzelknollen wachsen gestielte Laubblätter. Die mehrstielige Pflanze wird bis 30 Zentimeter hoch und gehört zu den Hahnenfußgewächsen. Während der Blütezeit von Februar bis April erscheinen auf langen rötlichen Stielen sternförmige Blüten, die meist acht bis elf Blütenblätter aufweisen. Es sind leuchtend gelbe, glänzende Blütensterne. Die Blüte ist etwa fünf Zentimeter breit. Die Früchte des Scharbockskrauts sind kleine Nüsschen.

10 bis 30 cm

Feb. bis April

halbschattig

normal feucht

mehrjährig

Notizen ..........

# Topinambur

*Helianthus tuberosus*
auch Erdbirne, Winterbirne

Topinambur ist ein Korbblütler und gehört zu den Sonnenblumengewächsen. Man findet ihn auf Schuttplätzen, an Flussufern, Waldrändern und Bahndämmen in Mittel- und Osteuropa. Die krautige Pflanze kann bis zu drei Meter hoch werden. An den aufrechten rötlichen Stängeln sitzen raue und behaarte herzförmige Laubblätter. Die Stängel tragen bis zu 15 strahlend gelbe Blüten, die einen Durchmesser von bis zu 10 Zentimetern haben können. Blütezeit ist zwischen August und November. Wo Topinambur einmal sesshaft ist, bleibt er für lange Zeit. Seine bizarren Knollen können eine gelbe, braune oder rötliche Haut haben, aber das Fruchtfleisch ist immer weiß.

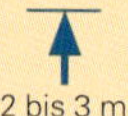
2 bis 3 m

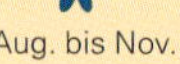
Aug. bis Nov.

sonnig

normal feucht

einjährig

Notizen ..........

# Wermut

*Artemisia absinthium*
auch Magenkraut, Eberreis, bitterer Beifuß

Der Wermut zählt zur Familie der Korbblütler. Er wächst gerne an trockenen sandigen Standorten und erreicht Wuchshöhen von 120 Zentimetern. Die Blüten sind kleine gelbe, unscheinbare Köpfchen die von Juli bis September erscheinen. Sie sind meist hängend und stehen rispenartig zusammen. Die Laubblätter sind weich behaart und dreifach gefiedert. Wermut besitzt einen aufrechten, holzigen, ebenfalls filzig behaarten Stängel, der sich im oberen Pflanzenbereich verzweigt. Die Pflanze verströmt einen aromatischen Geruch.

80 bis 120 cm

Juli bis Sept.

sonnig

trocken

mehrjährig

Notizen ..............................................

# Hohlzahn, Gelber

*Galeopsis segetum*

Der Hohlzahn ist eine einjährige Pflanze, die etwa 30 Zentimeter hoch wächst. Sie ist in lichten Wäldern, an Waldsäumen, auf Geröll, auf Kieshalden und in Steinbrüchen zu finden. Der Hohlzahn gehört zur Familie der Lippenblütler. Während der Blütezeit, die, je nach Art, von Juni bis Oktober geht, bilden sich die etwa drei Zentimeter großen blassgelben Blüten mit ihrer charakteristischen „Unterlippe". Die eiförmigen, gezahnten Laubblätter und der gefurchte Stängel sind behaart.

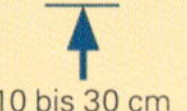
10 bis 30 cm

Juni bis Okt.

halbschattig

normal feucht

einjährig

Notizen

# Leinkraut, Echtes

*Linaria vulgaris*
auch Frauenlein, Frauenflachs, Froschmaul

Das Leinkraut ist eine ausdauernde kleine Pflanze. Ihr unterirdischer Wurzelstock treibt viele rötliche Stängel empor, die bis zu 60 Zentimeter hoch werden und dicht mit dünnen, lanzettförmigen Laubblättern bestückt sind, an deren Ende eine Traube kleiner gelber Löwenmäulchen leuchtet. Die Pflanze ist in ganz Europa weit verbreitet. Sie wächst gern auf Schutt, auf Brachland, an Wegrändern, vor allem an steinigen, sonnigen Stellen. Das Leinkraut gehört zur Familie der Wegerichgewächse. Blütezeit ist von Mai bis Oktober. Als Samen bildet das Leinkraut kleine flache Kapseln. Eine Pflanze kann bis 32.000 Samen produzieren.

30 bis 60 cm

Mai bis Okt.

sonnig

trocken

mehrjährig

Notizen ..................................................

# Springkraut, Großes

*Impatiens noli-tangere*
auch Waldspringkraut, Rühr mich nicht an, Schnellkraut, Springsamen

leicht giftig!

Das Große Springkraut Impatiens noli-tangere ist in fast ganz Europa anzutreffen, bevorzugt in Feuchtgebieten und in schattigen Laubwäldern. Es gehört zur Familie der Springkrautgewächse. Das einjährige einheimische Springkraut wird bis zu 80 Zentimeter hoch und hat glasige, fleischige, durchscheinende Stängel. An einem im oberen Teil leicht verzweigten Stiel stehen eiförmige, wenig gezahnte Laubblätter, die etwa zehn Zentimeter lang werden. In der Blütezeit, die von Juni bis September reicht, erscheinen an langen dünnen Stielen die gelben, innen mit orangefarbenen Tupfen versehenen, trompetenartigen Blüten. Als Früchte bilden sich lange, hängende, spindelartige Kapselfrüchte. Bei Berührung platzen diese an den Nahtstellen auf und schleudern die Samen explosionsartig bis zu drei Meter weit hinaus.

30 bis 80 cm

Juni bis Sept.

schattig

feucht

einjährig

Notizen ..................................................

# Ackerminze

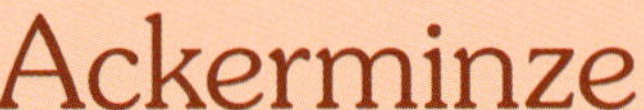

*Mentha arvenis*
auch Wilde Minze, Feldminze

Die Ackerminze wächst an feuchten Orten, wie Sumpfwiesen, Gräben, Schuttplätzen, Waldwegen und auch in Gärten und wird bis 45 Zentimeter hoch. Sie vermehrt sich durch Ausläufer und wandert so immer weiter. Sie gehört, wie alle anderen Minzen, zur großen Familie der Lippenblütler. Sie ist ein wenig niederliegend, am Ende aber wieder aufsteigend. Am Ende eines jeden Stängels hat sie ein Blattbüschel. Ihre Blüten sitzen zu Quirlen in den Blattachseln, sind von schöner lila-rosa Farbe und erinnern an Kelche. Die Blätter sind eiförmig mit leicht gezahntem Rand und behaart. Die Ackerminze blüht von Juli bis August. Die Früchte der Ackerminze sind gelbbraun gefärbte Spaltfrüchte.

10 bis 45cm

Juli bis Aug.

sonnig

feucht

mehrjährig

Notizen ..............................

# Poleiminze

*Mentha pulegium*
auch Flohkraut

sehr giftig!

Die Poleiminze ist eine mehrjährige Pflanze mit am Boden kriechenden Stängeln. Überall, wo die Knoten die Erde berühren, bilden sich Wurzeln. Sie ist überall in Europa zu finden und zählt zur Familie der Lippenblütler. Sie bevorzugt feuchte Gräben und Flussufer, aber auch sumpfige Wiesen und wird etwa 30 Zentimeter hoch. Die Poleiminze ist eine schöne Pflanze und sehr stark im Duft. Ihre Blüten wachsen aus den Blattachsen der oberen Zweige, und zwar in lila Quirlen. Am Ende des Stiels fehlt aber der Quirl. Die Blütezeit erstreckt sich von Juli bis September. Die Laubblätter sind eiförmig, behaart, der Stängel vierkantig, meist kahl und von rötlicher Färbung überzogen. Die Poleiminze ist sehr giftig. Sie enthält die Substanz Pulegon, ein sehr wirkungsvolles Insektenvertilgungsmittel.

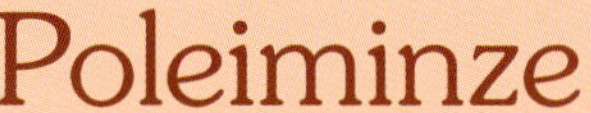

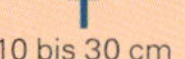
10 bis 30 cm

Juli bis Sept.

sonnig

feucht

mehrjährig

Notizen ..............................

# Sauerampfer, Großer

*Rumex acetosa*
auch Salatampfer, Kuckuckskraut

Der Sauerampfer ist eine mehrjährige Pflanze und gehört zu den Knöterichgewächsen. Die blühende Pflanze kann bis zu einem Meter hoch werden. Man findet Sauerampfer häufig in Wiesen oder am Waldesrand auf nährstoff-, stickstoffreichen und lehmigen Böden. Er blüht zwischen Mai und September. Die kleinen roten Blüten befinden sich an blattlosen Stängeln als Rispe ausgebildet. Die Laubblätter der jungen Pflanze sind im Frühjahr schmal herzförmig mit zwei spitzen Enden rechts und links und etwa drei bis zehn Zentimeter lang. Die Laubblätter der ausgewachsenen Pflanze werden bis zu 20 Zentimeter lang und wellen sich am Rand. Seine Wurzel ist eine lange Pfahlwurzel.

50 bis 100 cm

Mai bis Sept.

halbschattig

normal feucht

mehrjährig

Notizen ..........

# Wiesenknopf, Großer

*Sanguisorba officinalis*
auch Herrgottsbart, Kölbeskraut

Der Große Wiesenknopf ist eine ausdauernde Pflanze, die in fast ganz Europa heimisch ist und auf feuchten Wiesen vorkommt. Er gehört zur Familie der Rosengewächse und kann bis zu 1,20 Meter hoch werden. Der Stängel ist aufrecht, rund und kahl. Der Große Wiesenknopf hat dunkelrote, eiförmige, ein bis drei Zentimeter lange Blütenköpfe, die aus vielen Einzelblüten bestehen. Die Blütezeit des Großen Wiesenknopfs ist von Juni bis September. Die Blüten vom Großen Wiesenknopf werden von Insekten bestäubt. Als Früchte bringt er kleine Nüsse hervor, die von Juli bis November reifen. Die Blattstiele sind unpaarig gefiedert und bis zu fünf Zentimeter lang.

50 bis 120 cm

Juni bis Sept.

sonnig

feucht

mehrjährig

Notizen ..........

..........

..........

..........

# Wiesenraute, Akeleiblättrige

*Thalictrum aquilegifolium*

Die Akeleiblättrige Wiesenraute ist eine stattliche Staude aus der Familie der Hahnenfußgewächse und erreicht eine Höhe von 50 bis 100 Zentimetern. Sie wächst gern in Buchenwäldern auf Lichtungen, in feuchten Wiesen, an Bachufern, an Sumpf- und Wassergräben, in der Sonne sowie im Halbschatten. Als noch nicht blühende Pflanze im zeitigen Frühjahr ist die Wiesenraute wegen ihrer Laubblattform leicht mit der noch nicht blühenden Akelei zu verwechseln. Der Blütenstand der Wiesenraute besteht aus einer dichten Dolde mit zahlreichen Blüten, die vielen Insekten als Pollenlieferant dienen. Sie blüht von Mai bis Juni. Ihre Laubblätter sind meist zwei- bis dreifach gefiedert.

30 bis 100 cm

Mai bis Juni

schattig

feucht

mehrjährig

Notizen ..........

# Acker-Gauchheil

*Anagallis arvensis*
auch Nebelpflanze, Wetterkraut

sehr giftig!

Der Acker-Gauchheil ist ein einjähriges Primelgewächs, das in ganz Europa verbreitet auf Äckern, Wiesen, in Obstgärten und in Weinbergen wächst. Es ist eine kleine, niederliegende Pflanze mit etwa 25 Zentimeter langen Stängeln und unangenehm stechendem Duft. Die Laubblätter sind eiförmig. Aus den Blattachseln wachsen kleine, gestielte Blüten, die in der Regel ziegelrot blühen, aber auch gelegentlich mal blau und sogar weiß sein können. Die Blütezeit erstreckt sich von Juni bis in den Oktober hinein. Der Acker-Gauchheil ist eine Wetterpflanze. Ab 9 Uhr morgens öffnen sich die Blüten, um sich gegen 15 Uhr bereits wieder zu schließen, und das nur bei vollem Sonnenschein. Sind sie nun geschlossen, erscheint die ganze Pflanze grün und ähnelt sehr der Vogelmiere. Vogelmiere wird gern an Hühner verfüttert. Frisst das Federvieh den Gauchheil, stirbt es.

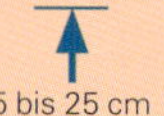
5 bis 25 cm

Juni bis Okt.

sonnig

trocken

einjährig

Notizen ..............................

..............................

..............................

..............................

# Baldrian, Echter

*Valeriana officinalis*
auch Katzenkraut

Echten Baldrian findet man auf feuchten Böden wie Ufern, Waldrändern und brachliegenden Feldern. Er erreicht Wuchshöhen zwischen 80 und 160 Zentimetern und zählt zur Familie der Geißblattgewächse. Während der Blütezeit von Mai bis August erscheinen die rötlichen, manchmal auch weißen trichterartigen Blüten. Sie stehen eng kugelförmig zusammen. Drei lange Staubblätter ragen aus dem Blütenkelch heraus. Der Stängel ist gefurcht, die Laubblätter gefiedert und entweder gezahnt oder ganzrandig. Nach der Blütezeit bildet sich eine eiförmige gelbe Nussfrucht mit feinen Härchen an der Spitze. Echter Baldrian ist eine mehrjährige Pflanze. Die Wurzel des Echten Baldrians verströmt einen katzenurinartigen Geruch. Deshalb gilt die Pflanze auch als Katzenlockstoff.

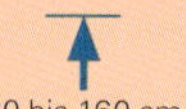
80 bis 160 cm

Mai bis Aug.

kein Vollschatten

feucht

mehrjährig

Notizen

rote Blüte ✂ fünf Blütenblätter

# Beinwell, Echter

*Symphytum officinale*
auch Beinwurz, Wallwurz, Soldatenwurz

Beinwell gehört zur Familie der Raublattgewächse. Er ist eine ausdauernde Pflanze mit großem, verzweigtem Wurzelstock und einer starken, fleischigen Pfahlwurzel. Die Haut der Wurzeln ist schwarz, im Inneren aber sind sie schneeweiß. Der Beinwell ist in ganz Mitteleuropa verbreitet. Er bevorzugt feuchte Wiesen, Wiesengräben und Bachufer. Er ist eine imposante Pflanze und kann eine Höhe von einem Meter erreichen, meistens wird er zwischen 30 und 60 Zentimeter hoch. Die Farbe der rispenartigen Blüten ist meist purpurrot bis violett, manchmal auch schmutzig weiß. Diese hängen traubenartig nach unten. Beinwell blüht von Mai bis Oktober. Die Laubblätter sind lanzettförmig und bis 25 Zentimeter lang. Der Stängel und die Laubblätter sind behaart. Außerdem gibt es noch hellblau blühenden Beinwell *(Symphytum azureum)* und rosa blühenden Beinwell *(Symphytum peregrinum)*.

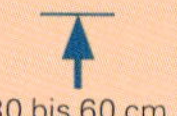
30 bis 60 cm

Mai bis Okt.

halbschattig

feucht

mehrjährig

Notizen ........................................

# Fetthenne, Große

*Sedum maximum*
auch Donnerbart, Fettkraut, Heilblatt

leicht giftig!

Die Große Fetthenne wächst verbreitet in Europa an unkultivierten Standorten, an Wegrändern, an sonnigen und trockenen Hängen und am Waldesrand. Früher sah man sie in jedem Bauerngarten angebaut. Sie gehört zur Familie der Dickblattgewächse und wird bis zu 50 Zentimeter hoch. An einem dicken Stängel wachsen die dicken, eiförmigen Laubblätter, die etwas ausgebuchtet oder gezahnt sind. Sie erscheinen in blaugrauen Farbtönen. Den ganzen Sommer über trägt die Fetthenne ihre Blüten, diese können rötlich, grünlich oder auch fast weiß sein. Viele Einzelblüten bilden eine strahlige, doldenförmige Blütenkrone, wobei die Einzelblüten aus fünf Blütenblättern bestehen, die spitz zulaufen. Die Frucht ist eine Hülse mit vielen Samen.

30 bis 50 cm

Juni bis Sept.

sonnig

trocken

mehrjährig

Notizen ..................

# Heidelbeere

*Vaccinium myrtillus*
auch Blaubeere, Schwarzbeere, Haselbeere

Die Heidelbeere ist weit verbreitet in Europas Wäldern, in Heidelandschaften und in Mooren, insgesamt auf feuchten Böden. Sie bewächst große Flächen in Nadelwäldern. Die Heidelbeere ist ein Halbstrauch und wird etwa 50 Zentimeter hoch. Sie gehört der Familie der Heidekrautgewächse an. Der Stängel der Pflanze ist kantig und grün, die Laubblätter haben eine Eiform mit gezahntem Rand. Im Mai und Juni erscheinen ihre glockigen rötlichen Blüten. Daraus entstehen die blauen Früchte, die dann im späten Sommer reif sind.

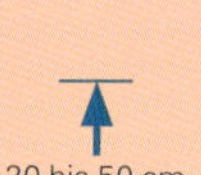
20 bis 50 cm

Mai bis Juni

schattig

feucht

mehrjährig

Notizen ..............................................

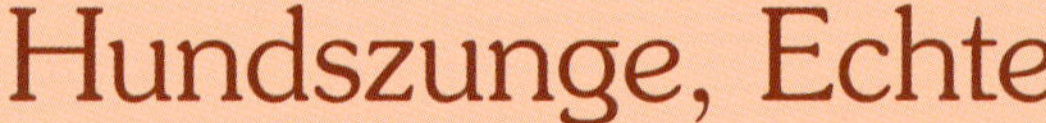

# Hundszunge, Echte

*Cynoglossum officinale*
auch Mistfink, Saublume, Wundkraut, Wolfszunge

leicht giftig!

Die Hundszunge ist in weiten Teilen Europas verbreitet und gehört zur Familie der Raublattgewächse. Sie bevorzugt Ödland, trockene Wegränder, Hecken und brachliegende Flächen. Im Gebirge kommt sie nicht vor. Sie ist eine zweijährige Pflanze, die im ersten Jahr lediglich eine Rosette bildet. Im zweiten Jahr wächst die Pflanze bis 80 Zentimeter hoch und bildet im oberen Teil in den Blattachseln an kleinen Stielchen dunkelrote Blütchen, die sich, je älter sie werden, ins Blaue verfärben. Blütezeit ist von Mai bis Juli. Die Früchte sind stachelig mit kleinen Widerhaken und verbreiten sich, indem sie sich an Tierfell festkletten. Die länglichen, lanzettförmigen Laubblätter und auch der kantige Stängel der Echten Hundszunge sind behaart. Die Pflanze verströmt einen mäuseartigen Geruch.

30 bis 80 cm

Mai bis Juli

sonnig

trocken

zweijährig

Notizen ........................................

# Knöterich, Vogel-

*Polygonum aviculare*
auch Wegtritt, Blutkraut, Knotengras

Der Vogelknöterich ist eine einjährige Pflanze, die in ganz Europa auf bestellten Feldern, in Wiesen, auf Ödland und an Straßenrändern anzutreffen ist. Vogelknöterich hat lange Wedel, aus deren Blattachseln kleine rötlich-weiße Blütchen wachsen. Die Blütezeit reicht von Mai bis Oktober. Er gehört zur Familie der Knöterichgewächse. Nach der Blüte reifen kleine Nussfrüchte heran, die den Samen enthalten. Die Laubblätter sind eiförmig, oval oder lanzettförmig. Vogelknöterich vermehrt sich durch Ausläufer. Seine Stiele sind meist niederliegend und können bis zu 60 Zentimeter lang werden. Es gibt viele verschiedene Formen des Vogelknöterichs.

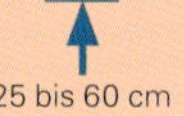
25 bis 60 cm

Mai bis Okt.

sonnig

trocken

einjährig

Notizen ..............................

# Knöterich, Wiesen-

*Polygonum bistorta*
auch Schlangenknöterich,
Lämmerzunge, Natterkraut

Den Wiesenknöterich trifft man häufig auf saftigen Wiesen. Er zählt zur Familie der Knöterichgewächse. Genauso oft wird er Schlangenknöterich genannt. Diesen Namen verdankt er seinem Wurzelstock, der schlangenförmig gebogen ist. Die Pflanze kann bis zu 100 Zentimeter groß werden. Aus den grundständigen Laubblättern, die bis zu 25 Zentimeter lang werden können, wachsen lange, fast kahle, gerade Stiele mit einem dichten Blütenstand in rosafarbenen schmalen Ähren. Blüten trägt der Wiesenknöterich von Mai bis Juli. Als Samenträger entsteht eine dreikantige Nussfrucht.

30 bis 100 cm

Mai bis Juli

sonnig

feucht

einjährig

Notizen ..........

# Storchschnabel, Ruprechts-

*Geranium robertianum*
auch Stinkender Storchschnabel, Ruprechtskraut

Der Ruprechts-Storchschnabel ist auf felsigem Boden und an schattigen Standorten anzutreffen. Er wird etwa 15 bis 40 Zentimeter hoch und zählt zur Familie der Storchschnabelgewächse. Seine Blüten erscheinen von Juni bis September in rot-violett mit hellen Streifen. Der Ruprechts-Storchschnabel ist eine zweijährige Pflanze, die teilweise bedroht ist. Die Laubblätter sind dreifingrig und wachsen an stark verzweigten rötlichen Stängeln. Nach der Blüte bildet sich eine Spaltfrucht, deren Samen weit herausgeschleudert werden. Vom Ruprechts-Storchschnabel geht ein unangenehmer Geruch aus.

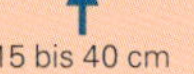
15 bis 40 cm

Juni bis Sept.

schattig

feucht

zweijährig

Notizen ..............................

# Blutweiderich, Gewöhnlicher

*Lythrum salicaria*

auch Blutkraut, Stolzer Heinrich, Kleiner Fuchsschwanz

Der Blutweiderich ist eine mehrjährige Pflanze, zählt zur Familie der Weiderichgewächse, hat einen dicken braunen Wurzelstock und wird etwa 1,50 Meter hoch. Er ist in ganz Europa verbreitet und wächst bevorzugt in feuchten Wiesen, in Gräben und am Bachufer. Der Blutweiderich blüht von Juni bis September in ährenförmigen Trauben, an denen wunderschöne violette sechsblättrige Blüten stehen. Der Blutweiderich kommt in drei unterschiedlichen Blütenformen vor: lange Griffel mit kurzen bis mittellangen Staubblättern, mittellange Griffel mit kurzen und langen Staubblättern und kurze Griffel mit langen und mittellangen Staubblättern. So kann die Pflanze nur bestäubt werden, wenn zusammenpassende Blutweiderichpflanzen zusammenstehen. Die Kapselfrüchte beinhalten die Samen. Die Laubblätter sind lanzettförmig.

60 bis 150 cm

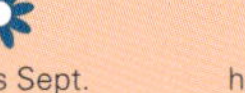
Juni bis Sept.

halbschattig

feucht

mehrjährig

Notizen ........................................

# Hauswurz, Echte

*Sempervivum tectorum*
auch Dachwurz, Donerwurz, Wetterwurz

Die Echte Hauswurz ist eine streng geschützte Pflanze. Sie kommt in Süd- und Mitteleuropa draußen in der Natur noch wild wachsend vor, meist an trockenen, felsigen Stellen im Gebirge. Sie gehört zu den Dickblatt-Gewächsen. Die Hauswurz ist eine mehrjährige Pflanze. Sie besteht aus zahlreichen Blattrosetten, aus diesen bilden sich nach allen Seiten kleine Rosetten, sogenannte Ableger. Die Laubblätter der Echten Hauswurz sind eiförmig und laufen spitz zu. Die Hauswurz kann recht alt werden. Nach einigen Jahren bilden sich dann etwa 20 Zentimeter hohe Blütenstängel. Wenn diese verblüht sind, stirbt auch die Rosette, aus der der Stängel wuchs. Blütezeit ist von Juni bis August.

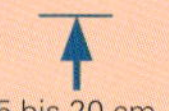
5 bis 20 cm

Juni bis Aug.

halbschattig

trocken

mehrjährig

Notizen ..........................................................................

# Diptam

*Dictamnus albus*
auch Weißer Diptam, Spechtwurz, Brennkraut

Der Diptam ist ein mehrjähriger Halbstrauch, der an der Basis verholzt ist. Er zählt zur Familie der Rautengewächse. Seine langen Blütenrispen, die aussehen wie rosa Orchideen, stehen hoch über der Pflanze und duften, wie der ganze Busch, nach Zitrone, Zimt oder Kümmel. Der Diptam erreicht eine Wuchshöhe von 60 bis 120 Zentimetern. Er wächst hauptsächlich in Süddeutschland und in Österreich und bevorzugt sonnige bis halbschattige Standorte auf kalkhaltigen Böden in lichten Wäldern, Waldsäumen und brachliegenden Wiesen. Außerdem soll er auch vereinzelt in der Eifel vorkommen. Die Blütezeit geht von Mai bis Oktober. Als Frucht wird eine Kapsel gebildet, die wie Sternanis aussieht. Die Laubblätter des Diptam sind gefiedert und von dunkelgrüner Farbe, der Stängel wächst aufrecht, ist hart und besitzt eine raue Oberfläche.

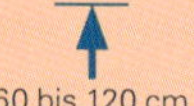
60 bis 120 cm

Mai bis Okt.

sonnig

trocken

mehrjährig

Notizen ..................................................

..................................................

..................................................

..................................................

# Fingerhut, Roter

*Digitalis purpurea*

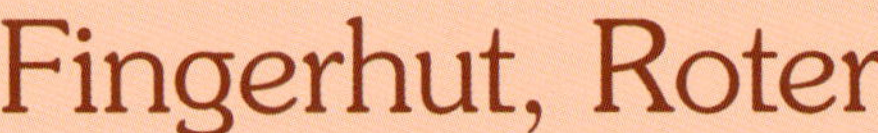

sehr giftig!

Der Fingerhut gehört zu den Rachenblütlern der Familie der Wegerichgewächse und wächst in ganz Europa, häufig auf Waldlichtungen, an Waldrändern und an Straßenrändern. Er ist eine sehr giftige Pflanze. Die Ursprungspflanze blüht rötlich-lila, man findet aber auch rosa, sogar weiß-schwarz gepunktete Blütenstände. Die Blütenglocken hängen meist nur seitwärts, der Sonne entgegen. Blütezeit ist von Juni bis August. Der Fingerhut ist zweijährig, das heißt, im ersten Jahr bildet er eine Rosette, erst im zweiten Jahr wächst die Pflanze zwischen 50 und 100 Zentimeter hoch und bildet den Blütenstand. Den Samenstand darf man nicht wegnehmen, sonst kann sich die Pflanze nicht vermehren. Die Laubblätter sind eiförmig, oval und haben auf der unteren Seite eine filzige Behaarung.

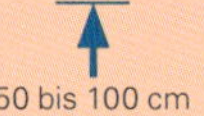
50 bis 100 cm

Juni bis Aug.

sonnig

normal feucht

zweijährig

Notizen ..........

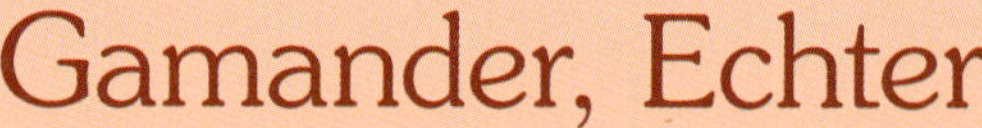

# Gamander, Echter

*Teucrium chamaedrys*
auch Edelgamander, Kalenderkraut, Schaffkraut

leicht giftig!

Der Echte Gamander ist ein kleiner Halbstrauch, der in Süd- und Mitteleuropa an trockenen, sonnigen Standorten, bevorzugt auf Kalkgestein, zu finden ist. Er wird nur etwa 25 bis 30 Zentimeter hoch. Seine Zweige sind niederliegend, am Ende aber aufsteigend mit wunderschönen rosa bis purpurroten Blüten, angeordnet in Scheintrauben. Der Gamander gehört zur Familie der Lippenblütler. Seine grünen behaarten Laubblätter erinnern an kleine Eichenblätter, die ihn dadurch von anderen Gamander-Arten unterscheiden. Der Stängel ist ebenfalls behaart. Der Echte Gamander blüht von Juli bis September. Die Pflanze breitet sich zu einem immergrünen Teppich aus und riecht angenehm.

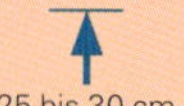
25 bis 30 cm

Juli bis Sept.

sonnig

trocken

mehrjährig

Notizen ..........

# Geißraute

*Galega officinalis*
auch Geißklee, Ziegenraute

**leicht giftig!**

Die Geißraute gehört zur Familie der Lippenblütler und ist eine mehrjährige Pflanze, die in ganz Europa eingebürgert ist, in Mitteleuropa aber nicht so häufig vorkommt. Sie bevorzugt Feuchtgebiete. Es ist eine wunderschöne Pflanze mit hellblauen oder zartlila Blütenrispen, die hoch über der Pflanze stehen. Manchmal findet man bis zu 50 Einzelblüten in einer Blütenrispe. Die Pflanze wird leicht einen Meter hoch, manchmal auch höher. Die Blütezeit geht von Juli bis August. Die Geißraute besitzt gefiederte, lanzettförmige Laubblätter, der Stängel ist kahl und leicht gefurcht. Nach der Blütezeit entwickelt sich eine Hülsenfrucht, die viele Samen enthält. Die Geißraute gilt als Bienenweide.

50 bis 100 cm

Juli bis Aug.

sonnig

feucht

mehrjährig

Notizen ..............................................................

..............................................................

..............................................................

..............................................................


..............................................................

# Hauhechel, Dornige

*Ononis spinosa*
auch Harnkraut, Hechelkraut

Die Dornige Hauhechel ist ein kleiner Halbstrauch, der im unteren Teil meist verholzt und nach oben stark verzweigt ist. Sie ist in ganz Europa an sonnigen Plätzen, auf trockenen Wiesen und an Wegrändern in durchlässiger Erde zu finden. Die Dornige Hauhechel erreicht eine Wuchshöhe von 10 bis 80 Zentimetern. Sie gehört zur Familie der Schmetterlingsblütler. Ihre feinen rosafarbenen Blüten sitzen in den Blattachseln der oberen Laubblätter. Blütezeit ist von April bis September. Die kleinen Zweiglein sind mit spitzen Dornen versehen. Die unteren Blätter sind gefiedert, die im oberen Teil der Pflanze oval. Stängel und Laubblätter sind behaart.

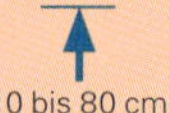
10 bis 80 cm

April bis Sept.

sonnig

trocken

mehrjährig

Notizen ..................................................

# Hohlzahn, Gewöhnlicher

*Galeopsis tetrahit*
auch Brandkraut, Distelkraut

Der Hohlzahn ist eine einjährige Pflanze, die etwa 30 Zentimeter hoch wächst. Sie ist in lichten Wäldern, an Waldsäumen, auf Geröll, auf Kieshalden und in Steinbrüchen zu finden. Der Hohlzahn gehört zur Familie der Lippenblütler. Während der Blütezeit, die von Juni bis Oktober geht, bilden sich die etwa drei Zentimeter großen violetten Blüten mit ihrer charakteristischen „Unterlippe“. Die eiförmigen, gezahnten Laubblätter und der gefurchte Stängel sind behaart.

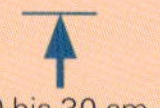
10 bis 30 cm

Juni bis Okt.

halbschattig

normal feucht

einjährig

Notizen ............................................................

# Immenblatt

*Melittis melissophyllum*
auch Bienensaug, Waldmelisse

Das Immenblatt ist in ganz Europa verbreitet. Es wächst in lichten Buchenwäldern, an Waldrändern und in frischen, feuchten Graslandschaften. Es ist eine sehr langlebige Pflanze. Da sie nur 50 Zentimeter hoch wird, braucht sie Luft und viel Sonne. Was die Blüten angeht, ist das Immenblatt der größte Lippenblütler in der Familie. Die Blüten sitzen zu Quirlen in den oberen Blattachseln und sind weiß mit rosafarbener Unterlippe. Das Immenkraut blüht von Mai bis Juni. Die grünen Laubblätter sehen aus wie Melissenblätter, sind aber ein wenig größer und duften nicht wie diese nach Zitrone, sondern riechen eher unangenehm.

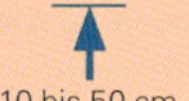
10 bis 50 cm

Mai bis Juni

sonnig

feucht

mehrjährig

Notizen ..................................................

# Quendel

*Thymus serpyllum*
auch Feldthymian, Wilder Thymian, Kudelkraut

Der Quendel ist ein kleiner, immergrüner Zwergstrauch, der in fast ganz Europa vorkommt und an trockenen Plätzen, die der Sonne zugewandt sind, bestens gedeiht. Er gehört zur Familie der Lippenblütler. Die Laubblätter sind von länglicher Form. Am Grunde ist die Pflanze verholzt, hat teils liegende, teils aufrechte, etwa 30 Zentimeter lange Stängel, an deren Spitzen rosa oder purpurfarbene Scheinquirle blühen. Die Blüten erscheinen von Juli bis August. Die Früchte sind Spaltfrüchte. Die Pflanze verströmt einen aromatischen Geruch.

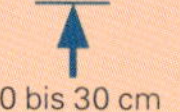
10 bis 30 cm

Juli bis Aug.

sonnig

trocken

mehrjährig

Notizen ..........................................................................

..........................................................................

..........................................................................

..........................................................................

..........................................................................

# Wiesenklee, Roter

*Trifolium pratense*
auch Honigklee, Futterklee

Der Wiesenklee erreicht eine Höhe von bis zu 50 Zentimetern und ist auf Wiesen, Feldern und an Waldrändern zu finden. Er zählt zur Familie der Hülsenfrüchtler und ist eine zweijährige Pflanze. An einem aufrechten, wenig behaarten, bis fünf Zentimeter langen Stängel stehen immer drei ovale Laubblätter zusammen. Sie werden bis drei Zentimeter lang. Von Mai bis September bilden sich rosa-violette bis weiße Blütenköpfchen, die aus bis zu 100 Einzelblüten bestehen. Nach der Bestäubung bilden sich die Samen des Wiesenklees, die von August bis Oktober reifen, aufplatzen und sich verbreiten.

20 bis 50 cm

Mai bis Sept.

sonnig

feucht

zweijährig

Notizen ..............................................

# Brennnessel

*Urtica dioica*
auch Hautnessel, Donnernessel, Tausendnessel

Die Brennnessel ist eine mehrjährige, mit einem kriechenden Wurzelstock in geringer Tiefe des Bodens verlaufende Pflanze und wird bis zu einem Meter hoch. Sie gehört zur Familie der Brennnesselgewächse. Jedoch weiß kaum jemand, dass es männliche und weibliche Brennnesseln gibt. Die Unterscheidung sieht man an den Blüten: Männliche Blütenstände stehen waagrecht ab, die weiblichen Blütenstände dagegen sind hängend. Die Brennnessel ist in ganz Europa verbreitet und wächst entlang von Straßen, Wegen, Hecken und in der Nähe menschlicher Behausungen. Sie blüht von Juli bis Oktober. Die unscheinbaren grün-gelblichen Blüten hängen rispenartig von den oberen Blattständen. Der Stängel ist vierkantig und rötlich überlaufen. Die Laubblätter sind eiförmig, gezahnt. Sowohl der Stängel als auch die Laubblätter sind behaart.

60 bis 100 cm

Juli bis Okt.

halbschattig

normalfeucht

mehrjährig

Notizen

# Haselwurz, Gewöhnliche

*Asarum europaeum*
auch Brechwurz, Pfefferwurz, Hasenblatt

leicht giftig!

Die Haselwurz wächst in Mitteleuropa in Laub- und Mischwäldern, besonders gern unter Haselbüschen, deshalb wohl der Name „Haselwurz". Sie zählt zur Familie der Osterluzeigewächse. Die ausdauernde Pflanze hat ober- und unterirdische Ausläufer, die an ihren Knotenpunkten nach unten Wurzeln bilden und gleichzeitig nach oben zwei glänzende, nierenförmige Laubblätter wachsen lassen. Sie wird zwischen fünf und zehn Zentimeter hoch. Ihre Laubblätter sind wintergrün, werden aber manchmal im Frühjahr unansehnlich und sterben ab. An gleicher Stelle wachsen zwei neue Laubblätter mit einer schmutzig braunen unscheinbaren Blüte, die sich zwischen den Laubblättern versteckt. Die Haselwurz blüht von März bis Mai. Die Laubblätter verströmen einen terpentinartigen Geruch.

5 bis 10 cm

März bis Mai

schattig

feucht

mehrjährig

Notizen ..........

# Kalmus

*Acorus calamus*
auch Magenwurz, Deutscher Ingwer, Brustwurz

leicht giftig!

Der Kalmus ist eine mehrjährige Pflanze mit waagerecht wachsendem, dichtem Wurzelstock. Er wächst ausschließlich als Wasserpflanze an Seen und Weihern, in Sümpfen und entlang von Bächen, die träge fließen. Ursprünglich stammt der Kalmus aus Asien, ist aber schon seit dem 13. Jahrhundert in ganz Europa verbreitet. Er gehört zur Familie der Kalmusgewächse. Kalmus kann bis zwei Meter hoch werden und verbreitet sich durch Ableger, die an einem unterirdischen Rhizom wachsen. Die Laubblätter des Kalmus erinnern in der Form an die einer Iris, jedoch ist die Farbe eher gelbgrün und der Rand manchmal gewellt. Während der Blütezeit von Juni bis Juli erscheinen an einem bis zehn Zentimeter langen Kolben kleine braun-rötliche Blüten, die lediglich bis vier Millimeter breit werden. Früchte trägt der Kalmus in Mitteleuropa nicht.

1 bis 2 m

Juni bis Juli

halbschattig

feucht

mehrjährig

Notizen ..........

# Melde, Weiße

*Chenopodium album*
auch Mehlkraut, Wilde Melde, Weißer Gänsefuß

Die Melde ist ein einjähriges Kraut, das bis zu einem Meter hoch wachsen kann. Die ganze Pflanze ist mehlig bestäubt. Sie gehört zur Familie der Fuchsschwanzgewächse. Ihre Laubblätter sind rautenförmig, wie Gänsefüße. Sie haben gesägte Ränder und sind an der Oberseite dunkelgrün. Die Melde wächst gern auf Feldern, Schutthalden, aber auch in Gärten. Die Pflanze produziert reichlich Samen, deswegen stirbt sie auch nicht aus. Der Samen kann jahrelang im Boden liegen, er soll bis zu fünfzig Jahre keimfähig bleiben. Der Stängel wächst stark verzweigt aufrecht. Die unscheinbaren Blüten sind grünweiß und wie kleine Knäuel rispenartig angeordnet. Blütezeit ist von Juli bis Oktober.

40 bis 100 cm

Juli bis Okt.

sonnig

feucht

einjährig

Notizen ..........................................................................

..........................................................................

..........................................................................

..........................................................................


..........................................................................

# Wegerich, Breit-

*Plantago major*
auch Wegtritt

Der Breitwegerich wächst mit Vorliebe auf Wegen, am Rande von Wiesen und Weiden. Die eiförmigen oder ovalen handgroßen Laubblätter stehen in einer sich am Boden ausbreitende Blattrosette. An langen, bis zu 30 Zentimeter hohen Stängeln bilden sich die ährenförmigen braun-gelben Blütenstände aus. Die Blütezeit geht von Mai bis September. Als Früchte entstehen Kapseln, die etwa sechs bis zwölf Samen enthalten. Die äußere Samenschale quillt bei Feuchtigkeit auf und bildet eine klebrige Masse. Deshalb bleiben die Samen auch überall hängen und können sich somit weit verbreiten.

3 bis 30 cm

Mai bis Sept.

sonnig

normal feucht

mehrjährig

Notizen

# Wegerich, Floh-

*Plantago psyllium*
auch Flohsamen, Sandwegerich

Der Flohwegerich zählt zur Familie der Wegerichgewächse. Er stammt aus dem Mittelmeerraum, ist aber auch in Europa zu finden. Die Pflanze besitzt längliche, lanzettförmige, schmale, grasähnliche Laubblätter, die verzweigt an einem aufrechten Stängel wachsen. An einem Stängel entsteht die rundliche Blütenähre mit ihren unscheinbaren Blüten. Sie wird etwa 12 Zentimeter lang. Aus den Blüten entstehen die ovalen rötlichen Samen, die unter dem Namen „Flohsamen" bekannt sind. Die Blüten erscheinen von Juni bis August. Der Flohwegerich kann bis 70 Zentimeter hoch werden und ist einjährig.

50 bis 70 cm

Juni bis Aug.

sonnig

trocken

einjährig

Notizen ...........................................................................

# Wegerich, Spitz-

*Plantago lanceolota*
auch Wegtritt

Der Spitzwegerich zählt zur Familie der Wegerichgewächse. Man findet ihn überall in Europa auf Wiesen, öden Flächen und Wegen. Er wird etwa 40 Zentimeter hoch und bildet eine Blattrosette. Die Laubblätter sind schmal und spitz und ähneln denen der Gräser. Sie werden etwa 30 Zentimeter lang. Der kantige unverzweigte Stängel wächst gerade nach oben. An der Stängelspitze bildet sich der ährenförmige bräunlich-weiße Blütenstand. Während der Blüte wächst ein lang heraushängender gelblicher Staubbeutel aus dem Blütenkelch. Die Blütezeit geht von Mai bis September. Danach bildet sich eine kleine Kapselfrucht, die zwei Samen enthält.

20 bis 40 cm

Mai bis Sept.

sonnig

normal feucht

mehrjährig

Notizen .................................................

# Wiesenknopf, Kleiner

*Sanguisorba minor*
auch Pimpinelle, Steinpetersilie

Der Kleine Wiesenknopf zählt zur Familie der Rosengewächse. Er wächst in eher trockenen, mageren Wiesen und Äckern. Dort wird er bis etwa 40 Zentimeter hoch. Die Blattstiele sind unpaarig gefiedert, die des Großen Wiesenknopfs sind wesentlich größer als die des Kleinen. Die Blüten des Kleinen Wiesenknopfs sind kugelige, grünliche und wuschelige Ähren. Sie erscheinen von Mai bis August und werden vom Wind bestäubt. Der obere Teil der Blütenähre bildet pinselartige rötliche Blütennarben aus, die weiblich sind. Die männlichen Blüten sitzen mit ihren langen gelblichen, stieligen Staubblättern im unteren Bereich der Ähre. Als Früchte bringt die Pflanze kleine Nüsse hervor, die von Juli bis Oktober reifen.

20 bis 40 cm

Mai bis Aug.

halbschattig

feucht

mehrjährig

Notizen ..........

# Amarant

*Amaranthus retroflexus*
auch Zurückgekrümmter Fuchsschwanz

Amarant gehört zur Familie der Fuchsschwanzgewächse. Er ist eine einjährige Pflanze, die eine Wuchshöhe von bis zu 100 Zentimetern erreicht. Man findet ihn häufig an sonnigen, trockenen Standorten. Amarant hat einen verzweigten, behaarten, im unteren Teil oft rötlichen Stängel, an dem die eiförmigen Laubblätter sitzen. Während der Blütezeit zwischen Juli und September bilden sich ährenförmig nach oben wachsende, stachelige Blütenstände. Die Frucht des Amarants ist eine Kapselfrucht mit kleinen, glänzenden Samen, die sehr lange im Boden keimfähig bleiben.

20 bis 100 cm

Juli bis Sept.

sonnig

trocken

einjährig

Notizen ..........

# Tollkirsche

*Atropa belladonna*
auch Teufelskirsche, Schafkirsche, Tintenbeere

**sehr giftig!**

Die Tollkirsche ist ein mehrjähriges Nachtschattengewächs, das in Mittel- und Südeuropa auf Waldlichtungen, auf Kahlschlägen und an Waldrändern häufig anzutreffen ist. Sie gehört zu den giftigsten Pflanzen unserer Heimat und ist in allen ihren Teilen sehr giftig. Insbesondere die fast schwarzen, glänzenden Beeren, die nach der Blütezeit von Juni bis August wachsen, sind gefährlich. Nur einige wenige Beeren, von Kindern verzehrt, wirken tödlich. Die Tollkirsche wächst bis zu 150 Zentimeter hoch in strauchartiger Form. Ihre Laubblätter, aus deren Achseln die glockenartigen braun-violetten Blüten hängen, stehen immer zu zweit, wobei eines wesentlich kleiner ist.

80 bis 150 cm

Juni bis Aug.

schattig

feucht

mehrjährig

Notizen

# Bachbunge

*Veronica beccabunga*
auch Bachehrenpreis

Die Bachbunge gehört zur Familie der Wegerichgewächse und ist eine ausgesprochene Wasserpflanze, die bis zu 60 Zentimeter hoch wird. Die niederliegenden, dicken, kahlen rötlich gefärbten Stängel bewurzeln sich im Wasser. Am Ende strecken sie sich hoch und bilden nach allen Seiten aus den Blattachsen kleine Blütenrispen mit wunderschönen hellblauen, vierblättrigen Blüten. Die Blütezeit der Bachbunge ist von Mai bis September. Danach bilden sich runde Kapselfrüchte aus, die von August bis Oktober reifen. Die Laubblätter der Bachbunge sind oval mit gezahntem Rand und ledriger Oberfläche.

30 bis 60 cm

Mai bis Sept.

halbschattig

feucht

mehrjährig

Notizen ..........

..........

..........

..........



..........

# Ehrenpreis, Wald-

*Veronica officinalis*
auch Veronika, Heil aller Welt, Wundkraut

Der in ganz Europa wachsende Waldehrenpreis siedelt sich in trockenen Weiden und Wiesen, in lichten Wäldern und in Gärten an und wird der Familie der Wegerichgewächse zugeordnet. Er ist eine mehrjährige Pflanze, die etwa 50 Zentimeter hoch wächst. Ihre langen Stängel sind niederliegend. An ihren Knoten bilden sich leicht Wurzeln, sodass sich oft ein Ehrenpreis-Teppich bildet. Ihre Blütenstiele wachsen schräg oder senkrecht nach oben. In den Blattachseln bilden sich hellblaue oder blasslila Blüten. Die Einzelblüte ist vierblättrig, steht an einem kurzen Stiel und ist bis sieben Millimeter groß mit zwei Staubblättern. Die Blütezeit geht von Juli bis September. An den verwelkten Blütenständen bildet sich eine dreieckige flache Kapselfrucht. Die grünen Laubblätter sind oval, gezahnt, weich und fein behaart.

20 bis 50 cm

Juli bis Sept.

halbschattig

normal feucht

mehrjährig

Notizen ..................................................

..................................................

..................................................

..................................................

..................................................

# Nachtviole, Gewöhnliche

*Hesperis matronalis*
auch Mondviole, Frauenviole, Matronenblume

Die Nachtviole ist eine zweijährige Pflanze, die Sonne sowie Halbschatten liebt und auf humusreichem Boden in lichten Wäldern und feuchten Gebieten bestens gedeiht. Sie gehört zu den Kreuzblütengewächsen und wird zwischen 40 und 100 Zentimeter hoch. Blütezeit ist von April bis Juli. Dann erscheinen ihre am Stielende stehenden, traubenartig angeordneten blau-violetten Blüten. Die Samen der Nachtviole befinden sich in Schotenfrüchten. Am Abend fängt die Nachtviole an zu duften und lockt damit Bienen, Nachtfalter und Schwebfliegen an, die den Nektar aufsaugen und die Pflanze gleichzeitig bestäuben. Die Laubblätter der Pflanze sind schmal, eiförmig und behaart.

**leicht giftig!**

40 bis 100 cm

April bis Juli

halbschattig

feucht

zweijährig

Notizen ..........

# Teufelsabbiss, Gewöhnlicher

*Succisa pratensis*
auch Teufelwurz

Der Teufelsabbiss ist eine ausdauernde Pflanze aus der Familie der Geißblattgewächse mit zart blauvioletten Blütenköpfchen, die auf recht kahlen Stängeln, die sich nach oben etwas verzweigen, sitzen. Die Laubblätter sind ganzrandig und von länglicher, spitz zulaufender Form. Der Teufelsabbiss blüht von Juli bis September. Die Pflanze wächst auf Moor- und Sumpfwiesen, gelegentlich auch auf Magerrasen in fast ganz Europa und wird bis zu 80 Zentimeter hoch.

50 bis 80 cm

Juli bis Sept.

halbschattig

feucht

mehrjährig

Notizen ..............................

# Immergrün, Kleines

*Vinca minor*

auch Ewiggrün, Jungfernkraut, Wintergrün

leicht giftig!

Das Kleine Immergrün ist eine ausdauernde Pflanze, die gern in lichten Laubwäldern, in Gebüschen und Hecken wächst. Man zählt es zur Familie der Hundsgiftgewächse. Als Zwergstrauch wird es zwischen zehn und 20 Zentimeter hoch. Sein immergrünes Laub ist oval, eiförmig und glänzend. Die blauen Blüten des Kleinen Immergrüns erscheinen zwischen Mai und Juni und besitzen fünf Blütenblätter. Die Pflanze verbreitet sich über die langen Triebe, die dann verwurzeln. Als Frucht bildet sich eine Hülsenfrucht. Samen bildet die Pflanze bei uns relativ selten.

10 bis 20 cm

Mai bis Juni

halbschattig

normal feucht

mehrjährig

Notizen ..........

# Nachtschatten, Bittersüßer

*Solanum dulcamara*
auch Bittersüß, Jelängerjelieber, Mäuseholz, Alpenranken

**sehr giftig!**

Der Nachtschatten ist ein ausdauernder, rankender Halbstrauch, der in fast ganz Europa häufig an feuchten und schattigen Stellen, in Hecken und Kahlschlägen zu finden ist. Er kann bis zu fünf Meter lang werden. Die Laubblätter sind spitz zulaufend und einfach gelappt. Der Bittersüße Nachtschatten gehört, wie der Name schon sagt, zu den Nachtschattengewächsen. Wie alle Nachtschattengewächse ist auch Bittersüß in allen Teilen sehr giftig. Während der Blütezeit von Juni bis Oktober erscheinen die blauvioletten, etwa ein Zentimeter großen Blüten mit dem gelben, langen Staubbeutel. Während der gesamten Spätsommer- und Herbstzeit bilden sich die eiförmigen roten Beeren.

2 bis 5 m

Juni bis Okt.

schattig

feucht

mehrjährig

Notizen ........................................................................

........................................................................

........................................................................

........................................................................

# Kornblume

*Centaurea cyanus*
auch Roggenblume, Sichelblume, Zachariasblume

Die Kornblume wird zur Familie der Korbblütler gezählt. Sie kommt an trockenen Standorten und am Rande von Getreidefeldern vor. Die einjährige Pflanze kann bis zu 100 Zentimeter hoch werden. Sie wächst krautig und bildet einen aufrechten, behaarten Stängel, der im oberen Teil verzweigt ist. Die Laubblätter sind lanzettförmig, ebenfalls behaart und laufen spitz zu. Sie erreichen eine Breite von bis zu fünf Millimetern und sind manchmal auch gefiedert. Die körbchenförmigen Blüten zeigen sich von Mai bis August in einem kräftigen Blau und werden bis drei Zentimeter breit. Am Rande des Körbchens stehen Scheinblutenblätter, die dazu dienen, Insekten in das Innere des Körbchens zu locken und dort die Blüten zu bestäuben. Die Kornblume bringt als Frucht eine besondere Form der Nussfrucht hervor, deren Hülle silbergrau und feinborstig behaart ist.

50 bis 100 cm

Mai bis Aug.

sonnig

trocken

einjährig

Notizen ...........................................................

.................................................................

.................................................................

.................................................................

 .........................................................

# Küchenschelle, Gewöhnliche

*Pulsatilla vulgaris*
auch Osterblume, Schafblume, Windblume

**sehr giftig!**

Die Gewöhnliche Küchenschelle gehört zur Familie der giftigen Hahnenfußgewächse. Sie ist auf Wiesen, trockenen Grasflächen und sandigem Boden zu Hause, steht unter Naturschutz und wird bis 25 Zentimeter hoch. Im Frühjahr erscheinen gefiederte, stark behaarte silbrige Laubblätter. Danach entwickelt sich die violettfarbene glockige Einzelblüte mit gelben Staubgefäßen. Die Blütezeit geht von März bis Mai. Nach der Blütezeit wächst der Blütenstiel weiter. Er kann bis zu 40 Zentimeter hoch werden. Die verwelkte Blüte verändert sich zu einer Art Pusteblume, welche die Samen trägt. Die Küchenschelle verursacht bei Berührung starke Hautreizungen und kann ab etwa dreißig Pflanzen, innerlich angewendet, zum Tod führen.

5 bis 40 cm

März bis Mai

halbschattig

trocken

mehrjährig

Notizen ..........

..........

..........

..........

# Leberblümchen

*Hepatica nobilis*
auch Blaue Windblume, Fastenblume, Leberkraut

leicht giftig!

Das Leberblümchen ist ein langlebiges mehrjähriges Kraut, das in schattigen Wäldern, auf nährstoffreichen Böden in fast ganz Europa vereinzelt, aber auch in großflächigen Beständen wächst. Es gehört zur Familie der Hahnenfußgewächse. Die Pflanze streckt ihre rötlichen, behaarten Blütenstiele mit himmelblauen Blüten, die gelegentlich auch rosa oder weiß sein können, aus dem Boden, bevor das Laub ausgetrieben hat. Gegen Ende der Blütezeit – meist zwischen März und April – erscheint dann auch das Laub. In einigen Ländern ist die Pflanze selten geworden und deshalb gesetzlich geschützt. Die Laubblätter sind dreifach gelappt. Das Leberblümchen wird etwa 25 Zentimeter hoch.

5 bis 25 cm

März bis April

schattig

feucht

mehrjährig

Notizen

# Schwertlilie

*Iris germanica*
auch Himmelsschwester, Blaue Lilie, Veilchenwurzel

Die Schwertlilie ist eine mehrjährige Pflanze und in Europa weit verbreitet. Sie wächst gern zwischen Felsen und Mauern, an sonnigen Hügeln und in Weinbergen und zählt zur Familie der Schwertliliengewächse. Die Schwertlilie wird bis zu 90 Zentimeter hoch und hat lange, schwertförmige, am Boden sitzende Laubblätter. Die Blüten können verschiedenartige Farben haben, von weißlich bis hellviolett, von hellblau bis dunkelbläulich. Die Blüten werden bis zu 15 Zentimeter breit, sind duftend und erscheinen im Juni. Nach der Blüte bildet sich eine Kapselfrucht, die aber meist ohne Samen ist. Sie ist eine geschützte Pflanze, und es ist streng verboten, sie auszugraben.

40 bis 90 cm

Juni bis Juli

sonnig

feucht

mehrjährig

Notizen

# Wegwarte, Gemeine

*Cichorium intybus*
auch wilde Zichorie

Wie der Name „Wegwarte" schon sagt, findet man die Pflanze meistens an Wegen. Sie kann bis 150 Zentimeter hoch werden und gehört zur Familie der Korbblütler. Während der Blütezeit von Juni bis Oktober erscheinen ihre hellblauen Blüten, die etwa vier Zentimeter groß sind. Die unteren Laubblätter sind rosettenartig angeordnet, gesägt mit behaarter Blattunterseite und erinnern an Löwenzahn. Die oberen Laubblätter sind länglich und wachsen an einem verzweigten Stängel. Die Blüten öffnen sich nur für einen Tag und dann auch nur am Vormittag. Am nächsten Tag erscheinen aber schon wieder neue Blütenstände in den Blattachseln. Die Pflanze enthält einen weißlichen Milchsaft.

80 bis 150 cm

Juni bis Okt.

sonnig

normal feucht

mehrjährig

Notizen ........................................

# Eisenhut, Blauer

*Aconitum napellus*
auch Alter Sturmhut

sehr giftig!

Der Blaue Eisenhut wächst in Mitteleuropas Staudenfluren, in Gebüschen der Gebirge, auch in verwilderten Wiesen und zählt zur Familie der Hahnenfußgewächse. Er ist die giftigste Pflanze Europas. Die Wurzel soll noch neunmal giftiger sein als das oberirdische Kraut. Schon eine Berührung mit der Pflanze kann innere Vergiftungen hervorrufen, indem über die gesunde Haut das Gift in den Körper eindringt. Ein grüner Wedel, von einem Kleinkind verzehrt, führt unweigerlich zum Tod. Die Staude blüht von Juni bis August mit blauvioletten helmartigen Blüten, die traubenförmig am Stängel stehen. Der Stängel wächst unverzweigt aufrecht und kann eine Wuchshöhe von 50 bis 200 Zentimetern erreichen. Die Laubblätter sind fünf bis siebenfach tief geteilt und handgroß. Als Frucht werden Kapseln gebildet.

50 bis 200 cm

Juni bis Aug.

schattig

feucht

mehrjährig

Notizen ..........

# Feldrittersporn

*Delphinium consolida*
auch Ackerrittersporn

**sehr giftig!**

Der Feldrittersporn ist eine einjährige Pflanze und gehört zu den Hahnenfußgewächsen. Er hat sehr giftige Pflanzenteile, am giftigsten sind die Samen. Feldrittersporn kann bis zu 50 Zentimeter hoch werden. Von Mai bis August erscheinen die violetten bis dunkelblauen Blüten, die in der Mitte einen etwa vier Zentimeter langen waagerechten Sporn besitzen. Die Blüten stehen in einer Traube zusammen, die sich am Ende der Stängel befindet. Von August bis September reifen die Samen in einer Balgfrucht heran. Der Feldrittersporn hat einen verästeten Stängel. Die schmalen Laubblätter sind geteilt und nur etwa einen Millimeter breit. Man findet ihn auf Äckern und Wegen und trockenen Böden.

|  |  |  |  |  |
| --- | --- | --- | --- | --- |
| 20 bis 50 cm | Mai bis Aug. | sonnig | trocken | einjährig |

Notizen ..............................................................

..............................................................

..............................................................

..............................................................

 ..............................................................

# Luzerne (Alfalfa)

*Medicago sativa*
auch Blauer Schneckenklee, Ewiger Klee

Die mehrjährige Luzerne ist seit dem ersten Jahrtausend in Mitteleuropa heimisch. Sie ist ein Schmetterlingsblütler mit zarten lila Blütchen und wächst verwildert an Wegrändern, in Wiesen und auf Ödland. Die Luzerne wird ungefähr 80 Zentimeter hoch, ihre Wurzeln können bis fünf Meter tief in den Boden reichen. Die Luzerne blüht von Juni bis September. Der Stängel ist verästet, kahl und kantig. Die Laubblätter der Luzerne sind dreizählig, wobei das Einzelblatt ei- bis lanzettförmig und leicht behaart ist. Während der Blütezeit bilden sich blauviolette bis dunkelviolette, etwa 10 Zentimeter lange Blüten, die in engen Trauben zusammenstehen. Die Luzerne bildet eine Hülsenfrucht aus.

50 bis 80 cm

Juni bis Sept.

sonnig

trocken

mehrjährig

Notizen ..............................

# Natternkopf

*Echium vulgare*
auch Natternkraut, Stolzer Heinrich

leicht giftig!

Der Natternkopf ist eine zweijährige Pflanze, manchmal auch dreijährig, und zählt zur Familie der Raublattgewächse. Im ersten Jahr bildet er eine recht große, filzige Rosette. Aus dieser wächst dann im zweiten Jahr ein etwa 60 Zentimeter hoher Stängel, der einfach sein kann, aber oft auch buschig geästet ist. Die Pflanze gehört zu den Borretschgewächsen und ist daher sehr borstig. Eine ältere Pflanze ist schon fast stachelig. Man findet den Natternkopf recht häufig an trockenen Standorten, wie Steinbrüchen, Wegrändern und um alte Burgen herum in fast ganz Europa. Zuerst bilden sich dichte, rötlich blühende Trauben, die aber in die Länge wachsen und sich mit dem Älterwerden blau-lila verfärben. Die Blütezeit reicht von Mai bis Oktober. Als Früchte bildet der Natternkopf Spaltfrüchte aus.

30 bis 60 cm

Mai bis Okt.

sonnig

trocken

zweijährig

Notizen ..........

# Stiefmütterchen, Wildes

*Viola tricolor*
auch Dreifaltigkeitsblümchen, Ackerstiefmütterchen

Das Wilde Stiefmütterchen ist ein einjähriges kleines Pflänzchen, das 20 bis 30 Zentimeter hoch werden kann. Es hat zahlreiche Unterarten. Seine Blüten, die dem Gartenstiefmütterchen sehr ähneln, können farblich sehr unterschiedlich sein, von blauen Tönen über lila bis hin zu gelb ist alles drin. Das Stiefmütterchen blüht den ganzen Sommer über, häufig auf Äckern, trockenen Wiesen und auf Gartenland. Heimisch ist es in ganz Europa. Es gehört zu den Veilchengewächsen. Seine Laubblätter sind ei- bis lanzettförmig und am Rand etwas gebuchtet. Als Frucht wird eine Kapsel ausgebildet.

20 bis 30 cm

Juni bis Aug.

sonnig

trocken

einjährig

Notizen ..............................

# Süßholz

*Glycyrrhiza glabra*
auch Hustenwurzel, Lakritzenwurzel

Süßholz ist eine mehrjährige, in Mitteleuropa heimische Pflanze mit einem dicken Wurzelstock. Die Wurzeln des gesamten Wurzelstocks haben eine braune Haut, sind aber innen gelb. Die Pflanze wächst buschig bis zu einem Meter hoch. Ihre unpaarig gefiederten Laubblätter, die mit klebrigen Haaren besetzt sind, bilden lange Wedel. Aus den Blattachsen wachsen traubenförmige Blüten, die blassblau bis lila sein können. Zur Zeit der Blüte, zwischen Juni und Juli, werden die Pflanzenstiele oben so schwer, dass sie gestützt werden müssen, wenn man einen Busch im Garten hat. In der Natur legen sich die Zweige nieder. Der Stängel des Süßholzes ist holzig und aufrecht. Man findet Süßholz auf sandigen, trockenen Böden und Ödland.

60 bis 100 cm

Juni bis Juli

sonnig

trocken

mehrjährig

Notizen ..........

# Quecke

*Elymus repeus und Agropyron repeus (Wurzel)*
auch Graswurzel, Hundsgras, Schließgras

Die Quecke ist ein mehrjähriges, mit unterirdischem, verzweigtem und länglichem Wurzelstock versehenes Gras, das jeden Gärtner und Landwirt zur Verzweiflung bringen kann. Die Quecke gehört zur Familie der Süßgräser und ist überall in Europa zu finden. Sie wächst in Gärten, auf Feldern, auf Brachland, in Hecken und an Straßenrändern. Die Pflanze erreicht Wuchshöhen zwischen 50 und 120 Zentimetern. Die Laubblätter sind lang und lanzettförmig mit glattem Rand. Die Blüten sind grün und werden von einer schlanken, aufrecht stehenden Ährenspindel getragen. Blütezeit ist von Juni bis August. Erst im zweiten Jahr bildet die Quecke Samen.

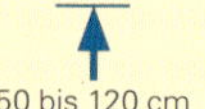
50 bis 120 cm

Juni bis Aug.

sonnig

feucht

mehrjährig

Notizen

# Bärlapp

*Lycopodium clavatum*
auch Hexenkraut, Kolbenbärlapp

Der Bärlapp ist eine streng geschützte Pflanze und zählt zu der Familie der Bärlappgewächse. Bärlapp-Kraut ist leicht giftig, die Sporen aber sollen ungiftig sein. Der Bärlapp wächst eher höher gelegen, im Alpengebiet, und dort am Rande eines Tannenwaldes an der Nordseite, den kein Sonnenstrahl erreicht. An den bis zu zwei Meter langen Stängeln wachsen moosartige Blättchen. Statt Blüten befinden sich an den aufsteigenden Ästchen die Fruchtähren. Aus den Fruchtähren lassen sich die Sporen schütteln, die ab August geerntet werden können.

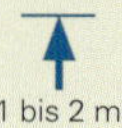
1 bis 2 m

Juni bis Aug.

schattig

feucht

mehrjährig

Notizen ..........

..........

..........

..........

 ..........

# Farn, Wurm-, Echter

*Dryopteris filix-mas*
auch Wanzenkraut, Bandwurmkraut, Teufelsklaue

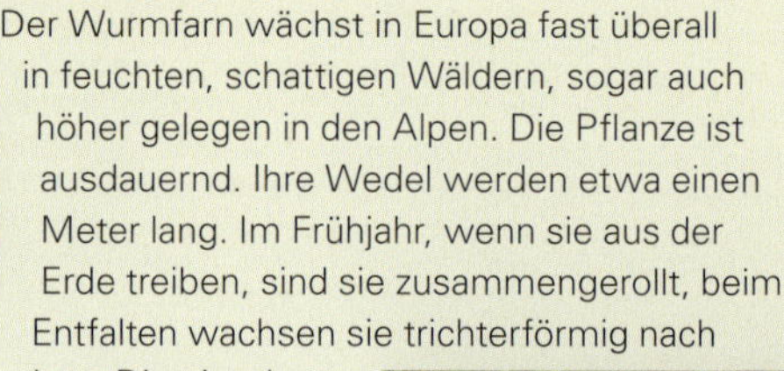

leicht giftig!

Der Wurmfarn wächst in Europa fast überall in feuchten, schattigen Wäldern, sogar auch höher gelegen in den Alpen. Die Pflanze ist ausdauernd. Ihre Wedel werden etwa einen Meter lang. Im Frühjahr, wenn sie aus der Erde treiben, sind sie zusammengerollt, beim Entfalten wachsen sie trichterförmig nach oben. Die einzelnen Farnblätter sind gefiedert und stehen mit etwa 30 Einzelfiedern auf jeder Seite der Mittelrippe. Die Fiederlänge verjüngt sich bis zur Blattspitze. Anstelle einer Blüte bilden sich zwischen Juli und September die Sporen an der Blattunterseite aus.

50 bis 100 cm

Juli bis Sept.

schattig

feucht

mehrjährig

Notizen ..........................................................

# Hirschzunge

*Phyllitis scolopendrium*
auch Hirschfarn

Die mehrjährige Hirschzunge ist in Europa weit verbreitet. Sie wächst in feuchten, lichten Laubwäldern, dort, wo ein Bächlein vorbeifließt, in Schluchten, in Felsspalten und auf alten Mauern. Sie ist eine streng geschützte Pflanze und darf keinesfalls in der Natur ausgegraben werden. Die Hirschzunge ist eine Pflanze aus der Familie der Streifenfarngewächse und wird 15 bis 45 Zentimeter groß, vereinzelt auch über 60 Zentimeter. Die Blätter sind zungenförmig, glänzend und wintergrün. Wenn neue Farnblätter wachsen, sind diese zusammengerollt. Da Farne keine Blüten hervorbringen, bildet die Hirschzunge zwischen Juli und September Sporen aus. Diese erscheinen rötlichbraun auf der Blattunterseite und werden dann durch den Wind verbreitet.

15 bis 60 cm

Juli bis Sept.

schattig

feucht

mehrjährig

Notizen

# Apfelbaum, Kultur-

*Malus domestica*
Kulturapfel

Der Apfelbaum ist über die ganze Erde verbreitet. Der Apfel gehört innerhalb der Familie der Rosengewächse zur Pflanzengattung der Kernobstgewächse. Die Apfelblüten blühen von Ende April bis Mai weiß bis zartrosa. Die Früchte der kultivierten Apfelbäume sind je nach Sorte recht groß, grün, gelblich, rotwangig, rau oder mit glatter Haut. Das Apfelgehäuse ist in fünf Kammern geteilt, in denen sich jeweils zwei Samen befinden. Die Samen sind braun bis schwarz. Ein Apfelbaum kann bis zu 10 Meter hoch werden.

6 bis 10 m

April bis Mai

sonnig

feucht

mehrjährig

Notizen

# Apfelbaum, Holz-

*Malus sylvestris*
Holzapfel

Der Apfelbaum ist über die ganze Erde verbreitet, auch die Wildform, also der Holzapfel. Die Heimat des Apfelbaums soll aller Wahrscheinlichkeit nach Zentral- und Westasien sein. Der Holzapfelbaum ist eher ein Strauch oder ein kleiner Baum. Sein Stamm ist oft krumm, die Krone besteht aus mit Dornen bestückten, abstehenden Ästen. Der Apfel gehört innerhalb der Familie der Rosengewächse zur Pflanzengattung der Kernobstgewächse. Die Apfelblüten blühen von Ende April bis Mai weiß bis zartrosa. Die Früchte des Holzapfels sind eher klein und meist von grünlicher Farbe. Das Apfelgehäuse ist in fünf Kammern geteilt, in denen sich jeweils zwei Samen befinden. Die Samen sind braun bis schwarz. Der Holzapfelbaum wird etwa 100 Jahre alt.

3 bis 5 m

April bis Mai

sonnig

normal feucht

mehrjährig

Notizen ..........

# Bärentraube, Immergrüne

*Arctostaphylos uva-ursi*
auch Wolfsbeere, Wilder Buchs, Harnkraut

leicht giftig!

Die Immergrüne Bärentraube ist eine streng geschützte Pflanze und gehört zur Familie der Heidekrautgewächse. Sie ist ein Zwergstrauch mit langen, kriechenden Zweigen und wird nur fünf bis zehn Zentimeter hoch. Die Bärentraube gedeiht erst prächtig ab einer Höhe von 600 Metern über dem Meeresspiegel. Sie bevorzugt Kiefernwälder, die sie in großen Beständen im Unterwuchs besiedelt. Man findet sie auch auf Felsblöcken in den Alpen. Sie blüht von März bis Juni mit schönen traubenartigen Blüten, die weiß, rosa bis rot sind. Die roten, etwa acht Millimeter großen Steinfrüchte reifen von August bis Oktober heran.

5 bis 10 cm

März bis Juni

schattig

feucht

mehrjährig

Notizen

# Berberitze, Gewöhnliche

*Berberis vulgaris*
auch Sauerdorn, Essigdorn

leicht giftig!

Die Berberitze ist ein ungefähr drei Meter hoher Strauch, hat dicke braune Wurzeln, die innen gelb sind, und gehört zur Familie der Berberitzengewächse. Die Pflanze ist stark verzweigt und die Zweige haben kurze Nebentriebe, aus deren Achseln Dornen und gelbe hängende Blütentrauben wachsen. Die Berberitze ist in Süd- und Mitteleuropa ein weitverbreiteter Heckenstrauch, der steinige und trockene Böden besiedelt. Er sollte besser nicht in der Nähe von Getreidefeldern wachsen, denn er dient dem Getreiderost als Zwischenwirt. Die Berberitze blüht im Mai und Juni mit gelben Blüten, aus denen sich von August bis September rote, längliche Beeren entwickeln.

100 bis 300 m

Mai bis Juni

sonnig

trocken

mehrjährig

Notizen ..........

# Efeu

*Hedera helix*
auch Mauerranke, Baumtod

giftig!

Efeu ist ein immergrüner Kletterstrauch und zählt zur Familie der Araliengewächse. Außer im Norden ist er in ganz Europa heimisch. Der Efeu bevorzugt Mauern und Felsen, aber auch Bäume, um emporzuklettern. Seine langen, kletternden Stängel sind in regelmäßigen Abständen von Haftwurzeln übersät. Ältere Exemplare des Efeus haben unterschiedlich geformte Laubblätter. Laubblätter der kletternden Zweige sind dreieckig gelappt. Laubblätter der Zweige, an deren Spitze sich Blütenrispen bilden, sind oval und haben nur eine Blattspitze. Die unscheinbaren Blüten sind grünlich gelb und stehen in kleinen Dolden an der Spitze eines Zweiges. Die Blüte erscheint erst ab einem Alter von 20 Jahren zwischen September und Oktober. Bis zum Winter entwickeln sich erbsengroße Früchte, die in voller Reife blauschwarz sind.

0,60 bis 10 m

Sept. bis Okt.

halbschattig

feucht

mehrjährig

Notizen ........................................

# Eiche, Stiel-

*Quercus robur*
auch Sommer-Eiche, Deutsche Eiche

Die Eiche wächst in ganz Mitteleuropa in Wäldern, im Flachland, aber auch im Bergland und kann bis 40 Meter hoch werden. Der Stamm erreicht oft einen Umfang von bis zu drei Metern. Mit Vorliebe wächst sie auf Wasseradern, deswegen soll man bei Gewitter auch nicht unter einer Eiche Schutz suchen. Sonderbarerweise gehört die Eiche zu den Buchengewächsen. Ein alter Eichenbaum hat mächtige, sparrige Äste, manchmal ist nicht leicht zu erkennen, welcher Ast die Spitze ist. Die Blütezeit der Eiche geht von April bis Mai. Dort bildet sie eiförmige Knospen, die rispenförmig nach unten hängen. Daraus entwickeln sich zwischen September und Oktober die Eicheln. Eine Eiche kann durchaus ein Alter von 1000 Jahren erreichen.

10 bis 40 m

April bis Mai

halbschattig

feucht

mehrjährig

Notizen ........................................

# Faulbaum

*Frangula alnus*
auch Gichtholz, Hundsbeere, Pulverholz

leicht giftig!

Der Faulbaum wächst in den gemäßigten Gebieten Europas an feuchten bis sumpfigen Standorten und wird bis drei Meter hoch. Man zählt ihn zur Familie der Kreuzdorngewächse. Der Faulbaum wächst strauchartig, das heißt, er hat mehrere Stämme mit waagerecht wachsenden Zweigen, die dornenlos sind. Oft wird er verwechselt mit dem Kreuzdorn, der aber Dornen hat, was ein sicheres Merkmal ist, die Verwechslung zu vermeiden. Die Laubblätter des Faulbaums erinnern an die der Kirsche. In der Blütezeit von Mai bis September trägt er winzige, unscheinbare weiß-grünliche Blüten. Die Früchte sind etwa 7 Millimeter große Steinfrüchte, die sich ab etwa Juli rot färben, ab August werden sie in reifem Zustand schwarz. Da der Faulbaum eine sehr lange Blütezeit hat, kommt es häufig vor, dass rote und schwarze Früchte gleichzeitig am Baum hängen.

200 bis 300 cm

Mai bis Sept.

halbschattig

feucht

mehrjährig

Notizen ..........

# Feldulme

*Ulmus minor*
auch Rüster, Parkulme

Die Feldulme wächst in den gemäßigten Zonen Europas in Laubmischwäldern, an Straßenrändern und an Flussufern und wird auch in Parkanlagen angepflanzt. Die Feldulme ist sehr langlebig und kann, wenn sie gesund bleibt, 500 Jahre alt und bis 35 Meter hoch werden. Sie gehört zur Familie der Ulmengewächse. Zwischen März und April blüht die Ulme. Die Laubblätter sind gesägt und färben sich im Herbst gelb. Als Frucht bildet sich eine Nuss, die beidseitig breite Flügel besitzt.

20 bis 35 m

März bis April

sonnig

feucht

mehrjährig

Notizen ..........

# Haselnussstrauch

*Corylus avellana*

Die Haselnuss gehört zur Familie der Birkengewächse und kann fünf bis sechs Meter an Höhe erreichen. Sie ist ein sommergrüner Strauch und vom Grunde an mehrstämmig. Ihr Alter ist nicht so leicht festzustellen, da immer wieder von unten neue Ruten hochwachsen, wenn ältere Zweige abgeschnitten werden. Die Hasel wächst mit Vorliebe am Waldesrand. Sie wird auch gern in angelegten Hecken verwendet. Der Haselnussstrauch blüht von Februar bis April. Dann sehen wir die länglichen, männlichen „Kätzchen". Bei starkem Wind können wir beobachten, wie der gelbe Blütenstaub weiterweht. Allergiker sollten dann nicht unterwegs sein.

5 bis 6 m

Feb. bis April

halbschattig

feucht

mehrjährig

Notizen ..............................................................

..............................................................

..............................................................

..............................................................

 ..............................................................

# Heckenrose

*Rosa canina*
auch Hundsrose, Hagrose, Wildrose

Die Heckenrose ist ein buschiger, Laub abwerfender Strauch. Sie kann zwei bis drei Meter hoch werden und zählt zur Familie der Rosengewächse. In fast ganz Europa ist sie verbreitet und wächst an Straßenrändern, Waldrändern und in brachliegenden Wiesen. Die zahlreichen Zweige eines Strauches, die aus der Erde kommen, wachsen im unteren Teil gerade aufrecht, dann biegen sie sich nach allen Seiten, um gleich wieder nach unten zu fallen. Im oberen Bereich sind die Zweige sehr verästelt und mit zahlreichen Dornen bestückt. Die Blüten, die im Juni erscheinen, sind fast duftlos, sie blühen weiß bis zartrosa. Bis zum Herbst bilden sich daraus die nahrhaften roten Hagebutten.

2 bis 3 m

Juni

halbschattig

feucht

mehrjährig

Notizen ..................................................................

# Heidekraut

*Calluna vulgaris*
auch Erika, Besenheide, Heidegras

Das Heidekraut ist eine sehr langlebige Pflanze und zählt zur Familie der Heidekrautgewächse. Es kann bis etwa 45 Jahre alt werden, bei guter Pflege auch älter. Die verästelten Stängel des Zwergstrauches wachsen niederliegend, am Ende aber aufsteigend bis 60 Zentimeter lang. Die Stängel sind mit sehr kleinen grünen Laubblättchen dicht besetzt. Die ebenfalls kleinen hellvioletten Blüten wenden sich immer nach einer Seite. Die Hauptblütezeit ist im September. Das Heidekraut bevorzugt einen kalkfreien Boden und möchte immer Sonne haben. Es wächst in großen Beständen in der Heide, in Mooren, trockenen Wäldern und auch auf Hochebenen.

20 bis 60 cm

Sept. bis Okt.

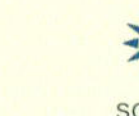
sonnig

normal feucht

mehrjährig

Notizen ……………………………………………

# Himbeere

*Rubus idaeus*
auch Mollbeere, Waldbeere

Der Himbeerstrauch ist in Europa weit verbreitet. Er gehört zu den Rosengewächsen und wächst wild an Waldrändern, auf Waldlichtungen, im Gebüsch und in den Bergen bis in 2000 Meter Höhe. Der Strauch hat stachelige Ästchen und kann bis zwei Meter hoch werden. Oft bildet er eine ganze Himbeerhecke. Seine Laubblätter sind oval und gezahnt und an der Unterseite weiß behaart. Während der Blütezeit von Mai bis Juni erscheinen die fünfblättrigen rosa bis weißen Blüten. Die roten Früchte reifen im Juli/August.

80 bis 200 cm

Mai bis Juni

sonnig

feucht

mehrjährig

Notizen

# Kirschbaum, Wilder

*Prunus avium*
auch Vogelkirsche

Der Wildkirschbaum kommt in Europa in Wäldern, an Waldrändern und in Hecken vor. Alle unsere Süßkirschbäume wurden aus dieser Waldkirsche gezüchtet. Der Wilde Kirschbaum kann rund 300 Jahre alt werden und 20 Meter hoch wachsen. Er gehört zu der Familie der Rosengewächse. Die Blüten sind weiß. Blütezeit ist von April bis Mai. Die Kirschen der Wildbäume sind wesentlich kleiner als die der Kulturbäume. In reifem Zustand sind sie tiefschwarz und süß. Meist werden sie Vogelkirschen genannt.

10 bis 20 m

April bis Mai

sonnig

normal feucht

mehrjährig

Notizen ........................................

# Liguster

*Ligustrum vulgare*
auch Teufelsbeere, Bocksbeere, Hundsbeere

Der Liguster ist ein Strauch oder kleiner Baum, der bis zu drei Meter hoch werden kann. Er gehört zur Familie der Ölbaumgewächse. Der Liguster ist in ganz Europa verbreitet und wächst in Hecken und in lichten Wäldern. Seine Zweige sind recht dünn und biegsam. Lässt man den Liguster ungestört wachsen, erfreut er von Juni bis Juli mit weißen, vierblättrigen, gestielten endständigen Blütenrispen.

leicht giftig!

Die Blüten riechen unangenehm. Als Früchte reifen kleine, glänzend schwarze Beeren heran. Die Laubblätter sind lanzett- bis eiförmig.

150 bis 300 cm

Juni bis Juli

sonnig

normal feucht

mehrjährig

Notizen

# Linde, Sommer-

*Tilia platyphyllos*
auch August-Linde, Stein-Linde, Bastholz-Linde

Einen Lindenbaum kennt wohl jeder, dass es aber verschiedene Lindenbäume gibt, weiß nicht jeder. Man unterscheidet zwischen Sommer- und Winterlinde. Linden zählen zur Familie der Lindengewächse. Die krautigen Laubblätter der Sommerlinde werden acht bis zwölf Zentimeter lang. Blatt und Stiel sind weich behaart. In den Blattachseln der Sommerlinde sitzen im Frühjahr weißliche Haarbüschel. Die Blüte der Sommerlinde liegt im Juni, zwei Wochen vor der Winterlinde. Nach der Blüte erscheinen die kleinen, dicken, kantigen Kapselfrüchte, welche, im Vergleich zur Winterlinde, nicht zerdrückt werden können. Der Fruchtstand ist hängend. Die Nussfrüchte sind gerippt und mit einem Flügelblatt ausgestattet, sodass sie gut fliegen können. Die Krone der Sommerlinde ist sehr dicht. Der Baum kann bis 40 Meter hoch werden.

20 bis 40 cm

Juni

halbschattig

normal feucht

mehrjährig

Notizen ..........................................................

# Linde, Winter-

*Tilia cordata*

Die Winterlinde kommt im Verhältnis zur Sommerlinde am häufigsten vor. Linden zählen zur Familie der Lindengewächse. Die ledrigen Laubblätter der Winterlinde werden vier bis sieben Zentimeter lang. Blatt und Stiel sind kahl. Blütezeit ist Ende Juni bis Juli, meist zwei Wochen nach der Blüte der Sommerlinde. Nach der Blüte erscheinen die kleinen, dünnen, wenig kantigen Kapselfrüchte, welche, im Vergleich zur Sommerlinde, leicht zerdrückt werden können. Der Fruchtstand ist waagerecht. Die Nussfrüchte haben eine glatte Oberfläche. Sie sind mit einem Flügelblatt ausgestattet, sodass sie gut durch den Wind verbreitet werden können. Die Krone der Winterlinde bildet ein lichtes Kronendach. Der Baum kann bis 30 Meter hoch werden.

20 bis 30 m

Juni bis Juli

halbschattig

normal feucht

mehrjährig

Notizen ...........................................................................

# Mispelbaum

*Mespilus germanica*
auch Deutsche Mispel

Die Mispel wächst vereinzelt an Waldsäumen, gehört zu den Rosengewächsen und kann bis zu fünf Meter hoch werden. Die Laubblätter der Mispel sind oval und spitz zulaufend. Zur Zeit der Blüte, die sich von Mai bis Juni erstreckt, sieht der Mispelbaum aus wie ein riesiger Rosenstrauß. Die Blüten sind weiß mit fünf Blütenblättern und können bis zu fünf Zentimeter groß werden. Die Laubblätter sind ledrig dunkelgrün. Im Mittelalter wurde er in Süddeutschland und Frankreich als beliebter Obstbaum kultiviert. Die Wildform wird etwa drei Meter hoch und hat Dornen. Die Kulturform wird doppelt so hoch und hat keine Dornen. Die bräunlichen Früchte werden in der kultivierten Sorte viel größer als bei der Wildform.

3 bis 5 m

Mai bis Juni

sonnig

normal feucht

mehrjährig

Notizen

# Moosbeere (Cranberry)

*Vaccinium macrocarpon*
auch Moorbeere, Kranbeere, Kranichbeere

Die Moosbeere wurde um das Jahr 1500 in Deutschland in verschiedenen Mooren eingebürgert. In Süddeutschland findet man sie in lichten Wäldern und in Brachwiesen. In unserer Region wird sie eher in Gärten angebaut. Die Moosbeere gehört zur Familie der Heidekrautgewächse. Der Zwergstrauch breitet sich kriechend am Boden aus und erreicht eine Wuchshöhe von 20 Zentimetern. Die ledrigen immergrünen Laubblätter werden bis zwei Zentimeter lang und sind lanzett- bis eiförmig. Erst im dritten Jahr erscheinen die weißen Blüten. Blütezeit ist zwischen Juni und August. Die reifen dunkelroten Früchte können ungefähr zwei Monate nach der Blüte geerntet werden.

10 bis 20 cm

Juni bis Aug.

halbschattig

feucht

mehrjährig

Notizen ......................................................

# Pfaffenhütchen

*Euonymus europaeus*
auch Spindelstrauch, Bischofsmütze

sehr giftig!

Das Pfaffenhütchen ist ein mittelgroßer Strauch von etwa drei Metern, der in Mitteleuropa überall wächst, in Gebüschen, an Straßenrändern, entlang von Bächen und in lichten Wäldern. Es ist sehr giftig und zählt zur Familie der Spindelbaumgewächse. Zur Zeit der Blüte von Mai bis Juni wachsen in den Blattachseln kleine hellgrüne Scheindolden. Später entwickeln sich daraus karminrote, etwas fleischige Kapseln. In jeder Kapsel sitzt nur ein orangeroter Samen. Die Blütenstände sind hängend. Die Laubblätter werden etwa fünf Zentimeter lang und sind lanzett- bis eiförmig.

200 bis 300 cm

Mai bis Juni

halbschattig

normal feucht

mehrjährig

Notizen ............................................................

# Rosskastanie, Gewöhnliche

*Aesculus hippocastanum*
auch Pferdekastanie, Wilde Kastanie, Gichtbaum

Die Rosskastanie ist ein Laubbaum, der 25 bis 30 Meter hoch werden kann, und gehört zu den Seifenbaumgewächsen. Der Baum kann bis zu 200 Jahre alt werden. Die Rosskastanie besitzt sehr große, fingerförmige Laubblätter. Diese werden zehn bis 20 Zentimeter lang und etwa zehn Zentimeter breit. Der Blattrand ist doppelt gesägt. Mit 15 bis 20 Jahren fängt der Baum erst an zu blühen und Früchte zu tragen. Die Blütezeit ist von April bis Mai/Juni. Er hat ein recht dichtes Blätterdach, seine Blüten sind zu Rispen zusammengefasst, die kerzengerade nach oben zeigen und weithin weiß, gelb und rötlich gefleckt leuchten. Im Herbst bildet sich eine Kapsel mit stacheliger Hülle, die zwei bis drei große, fast runde Samen, die Kastanien, enthält.

25 bis 30 m

April bis Juni

halbschattig

normal feucht

mehrjährig

Notizen ..........................................................

..........................................................

..........................................................

..........................................................

 ..........................................................

# Sanddorn

*Hippophae rhamnoides*
auch Seedorn, Stechdorn, Stranddorn

Der Sanddorn ist ein winterharter, mehrjähriger, geschützter Strauch oder Baum und zählt zur Familie der Ölweidengewächse. Wild wächst er auf Sanddünen am Meer, am Ufer von Flüssen und Bächen. Seine Äste und Zweige sind sehr sparrig und dornig. An geeigneten sandigen Standorten kann er bis sechs Meter hoch werden. Die Laubblätter sind lanzettförmig, graugrün und werden bis etwa acht Zentimeter lang. Die Blüte des Sanddorns erscheint vor dem Blattaustrieb. Von März bis Mai erscheinen kleine, kaum sichtbare Bluten an der Stelle, an der sich schon einmal Blüten befunden haben. Es gibt männliche und weibliche Sanddornsträucher. Früchte trägt nur der weibliche Strauch. Diese erscheinen von August bis Dezember als kleine, ovale, orange bis rötlich gefärbte Kugeln. Die etwa sechs Millimeter großen Beeren des Sanddorns haben eine glatte Haut.

3 bis 6 m

März bis Mai

sonnig

trocken

mehrjährig

## Notizen

# Schneeball, Gewöhnlicher

*Viburnum opulus*
auch Herzbeere, Schwindelbeere

leicht giftig!

Der Gewöhnliche Schneeball ist ein mehrjähriger Strauch, der einen bis drei Meter hoch wird und zu den Moschuskrautgewächsen zählt. Er wächst in ganz Europa verstreut, eher häufiger an Wald- und Bachrändern, in Auwäldern und wird oft in Parkanlagen gepflanzt. Während der Blütezeit von Mai bis August erscheinen die weißen Blüten, die in bis zu 12 Zentimeter langen Trugdolden zusammenstehen. Die Laubblätter des Gewöhnlichen Schneeballs sind drei- bis fünffach gelappt und erinnern an Ahornblätter. Als Frucht bildet der Gewöhnliche Schneeball eine rote Steinfrucht.

1 bis 3 m

Mai bis Aug.

halbschattig

feucht

mehrjährig

Notizen

# Schwarzdorn

*Prunus spinosa*
auch Schlehe, Schlehdorn, Hagedorn

Schwarzdorn zählt zur Familie der Rosengewächse und wächst oft als kleiner, stark verästelter Strauch oder Baum an Wegen oder Waldrändern. Der Schwarzdorn kann bis zu 60 Jahre alt werden und erreicht meist eine Höhe von drei Metern. Die Rinde ist in jungen Jahren dunkelbraun bis schwarz, bei älteren Sträuchern reißt diese dann ein. An den rotbraunen Zweigen wachsen Dornen. Vor dem Blattaustrieb erscheinen im Frühjahr von März bis April weiße, fünfzählige Blüten, die nach Mandeln duften. Ab etwa Mai entwickelt der Schwarzdorn seine ovalen, gezahnten Laubblätter. Von September bis in den Spätherbst hinein reifen dann die blau bis schwarz gefärbten Steinfrüchte, die in etwa die Größe einer Kirsche haben.

2 bis 3 m

März bis April

halbschattig

normal feucht

mehrjährig

Notizen ...............................................................

# Seidelbast, Gemeiner

*Daphne mezereum*
auch Kellerhals, Giftbäume, Giftbeere

**sehr giftig!**

Der Seidelbast ist eine seltene einheimische Pflanze, die unter strengem Naturschutz steht. Er ist zu finden in Laubwäldern, hauptsächlich Buchenwäldern, in ganz Europa. Der Seidelbast ist ein niedriger Strauch, eher ein kleines, ein bis zwei Meter hohes Bäumchen, das seine rosa Blüten schon von März bis Mai direkt an den Zweigen bildet, bevor die Laubblätter erscheinen. Von Juli bis August erscheinen dann leuchtend rote Beeren, die sehr dekorativ sind und von Vögeln gern gefressen werden, für Menschen aber sehr gefährlich sind. Zehn bis zwölf Beeren sind für einen Menschen tödlich. Alle Pflanzenteile vom Seidelbast sind sehr giftig, auch die Rinde. Die Laubblätter erinnern an Lorbeerblätter.

1 bis 2 m

März bis Mai

schattig

feucht

mehrjährig

Notizen ..............................................................................

# Waldrebe, Gewöhnliche

*Clematis vitalba*
auch Federbaum, Frauenhaar, Herrgottsbart

leicht giftig!

Die Gewöhnliche Waldrebe gehört zu den Hahnenfußgewächsen und ist in Mittel- und Südeuropa an Waldesrändern und Gebüschen, an Mauern und Felsen in warmen Lagen zu finden. Sie ist ein bis zu acht Meter hoch kletternder Strauch und blüht von Juli bis September in schönen weißen Blütenrispen, die meist aus fünf bis sieben Einzelblüten bestehen. Die Gewöhnliche Waldrebe hat gekerbte, herzförmige Laubblätter. Nach der Blüte bildet sie wunderschöne fedrige Fruchtstände.

5 bis 8 m

Juli bis Sept.

halbschattig

normal feucht

mehrjährig

Notizen ........................................

# Fichte, Gemeine

*Picea abies*
auch Rotfichte, Rottanne, Schwarztanne

Die Fichte ist ein etwa 40 Meter hoher, waldbildender, immergrüner Nadelbaum. Ihre Zapfen sind hängend, im Gegensatz zur Tanne, die stehende Zapfen hat. Ihre Zweige stehen in regelmäßigen Abständen horizontal vom Stamm ab. Die Rinde des Stammes ist rötlich, deshalb wird die Fichte auch Rottanne genannt. Ihre Blätter, sprich Nadeln, wachsen gleichmäßig rund um die Zweiglein und sind sehr spitz. Die Fichte ist in ganz Mittel- und Nordeuropa verbreitet, bis hinauf ins Gebirge auf 2000 Meter Höhe. Blüten treibt die Fichte meist nur alle drei, vier Jahre von Mai bis Oktober. Es dauert ein Jahr, bis die Samen heranreifen.

30 bis 40 m

Mai bis Okt.

halbschattig

normal feucht

mehrjährig

Notizen ..........

# Sumpfporst

*Ledum palustre*

auch Wilder Rosmarin, Bienenheide, Brauerkraut

Sumpfporst ist ein kleiner, verzweigter, immergrüner Strauch, der bis 1,50 Meter hoch werden kann. Er gehört zu den Heidekrautgewächsen. Der Sumpfporst wächst hauptsächlich in Hoch- und Übergangsmooren und ist weit verbreitet im nördlichen Europa, aber auch im Alpengebiet. Seine schmalen, lanzettförmigen, ledrigen Blätter ähneln denen des Rosmarins. Die Blätter sind leicht giftig. Die Zweige des Sumpfporsts sind von rostbrauner Farbe. Die Blütenstände sind weiß-rosa, doldenartig mit fünf Kronblättern. Die stark duftenden Blüten erscheinen im Mai. Nach der Blüte bilden sich kleine Kapselfrüchte aus.

50 bis 150 cm

Mai

halbschattig

normal feucht

mehrjährig

Notizen ..........

# Wacholder

*Juniperus communis*
auch Kranewittbaum, Weihrauchbaum

Der Wacholder wächst in der Heide, im Moor, an Hängen und in lichten Wäldern. Er kann in bizarrer Form, aber auch säulenartig wachsen. In alpiner Gegend drückt er sich als Zwergstrauch an den Boden. Der Wacholder gehört zur Familie der Zypressengewächse. Seine spitzen Nadeln sind zu dritt in Quirlen angeordnet. Er ist ein langsam wachsender Strauch und es dauert einige Jahre, bis er zum ersten Mal mit gelben Blüten aufwartet. Blütezeit ist zwischen April und Juni. Die Blüten sind unscheinbar. Im darauf folgenden Jahr bilden sich grüne Beeren und erst im dritten Jahr reifen sie. Es kann auch vorkommen, dass gleichzeitig Blüten, grüne Beeren und reife, blaue Beeren an einem Strauch zu sehen sind. Wir sagen zwar Wacholderbeeren, in Wirklichkeit sind es aber Zapfen. Er wird als Strauch oder Baum 12 Meter, vereinzelt bis zu 18 Meter hoch.

12 bis 18 m

April bis Juni

sonnig

feucht

mehrjährig

Notizen ..........

**Bildnachweis:**

*Fotolia.com:* Bo Valentino, 280 o. l.; Cosmin Manci, 196; Glaser -, 314 o. l.; Hendrik Fuchs, 224; Henrik Larsson -, 310; hjschneider, 138 m. r.; jeans, 182; Kanusommer, 220 m. r.; Klaus Reitmeier -, 160; Manfred Ruckszio, 119; mica, 25; Picture Partners, 82 m. r.; StefanieB., 123; szulkins, 285; Thorsten Schier, 319

*shutterstock:* Ainars Aunins, 233 u.; Aleksey Stemmer, 259; Andrew Koturanov, 5 o. l., 148; Andrey Novikov, 6 u. r., 228, 236; Angilla S., 230; ArjaKo's, 181, 180; Brian Maudsley, 261; D. Kucharski K. Kucharska, 263, 307; dabjola, 58 o. l., 167, 206; Dani Vincek, 120; Dervin Witmer, 93; dStock RF, 186; Eder, 96; Fabio Sacchi, 232; Georgy Markov, 59; gudak, 238; Imageman, 142 o. l.; iva, 201; Joe Ferrer, 88; jopelka, 15, 140 o. l., 140 m. r.; Kazakov Maksim, 252; Labrador Photo Video, 91; Lumir Jurka Lumis, 273; Madlen, 4 u. m., 90; maigi, 72; marcovarro, 297; Martin Fowler, 3 u. r., 74, 107, 109 r, 135, 162, 223, 222, 226, 250; Nataliia Melnychuk, 7 u. m., 258; Peter Radacsi, 318; Piotr Krzeslak, 68; PRILL, 158; Roberto Cerruti, 21; Rustam R. Fazlaev, 231; Ruud Morijn Photographer, 134; Sever180, 92; snowturtle, 260; Taina Sohlman, 106 o. l.; Tamara Kulikova, 133; Todd Boland, 20, 240; TranceDrumer, 138 o. l.; vaivirga, 244; wasanajai, 142 m.r.; zprecech, 3 u. l., 32

*iStock:* Aleksander Bolbot, 207; BasieB, 308; Bruskov, 94, 95; catherinka, 10; chantelle516, 290 o. l.; chapelhilltar, 290 m. r.; esemelwe, 78; fedsax, 254; fotokris, 166; Hraska, 301; knorre, 317; magdasmith, 282; oddrose, 278 m. r.; photoflorenzo, 286 o. l.; Picture Partners 29; Robert Biedermann, 60, 101; Roland T. Frank, 289; SchmitzOlaf, 97; tupungato, 245; Valentyn Volkov, 280 m. r.;

*Creative Commons:* $Mathe94$ 26; Aiwok, 98 o. l., 287, 300 m. r.; Alberto Salguero, 66 o. l.; Alois Staudacher 31; Alpsdake, 179; Alvals, 113; Andrea Schieber, 38; Anneli Salo, 57, 227, 256; Anja Osenberg, 1; annetteJO, 103; AnRo0002, 37, 55, 54, 117, 117 u.; Aorg1961, 276; Archenzo, 121, 237; Aroche, 262; B.gliwa, 315; B.Lezius, 7 u. r., 316 o. l.; Barbara Studer, 115; Benjamin Zwittnig, 165, 202; Bernd Haynold, 13, 43, 75, 169, 168, 188, 205, 215; BerndH, 192 m. r., 221, 241; Björn Traeger, 14; Bogdan Giuşcă, 191; Bogdan, 312 o. l., 312 m. r.; böhringer friedrich 288 o. l., 234; Boronian, 271; C T Johansson, 220 o. l.; C. Kreiss, 66 m. r.; Caplio G4 User, 300 o. l.; Chenopodium 208; Christer Johansson, 28; Christian Fischer, 23, 33; Daderot, 124; Dalgial, 174 o. l.; Danny Steven S., 4 u. l., 80; Dawn Endico, 299; Dendrofil, 204; Didier Descouens, 106 m. r.; Digigalos, 47; Downsman49, 99; Emilian Robert Vicol, 246 m. r.; Enrico Blasutto, 34, 65 u.; Eugene Zelenko, 49 u.; Forest & Kim Starr, 49, 104, 111, 163; Fornax, 6 u. l., 216; Frank Vincentz, 132 m. r.; Franz Xaver, 213; Georg Slickers, 89 u.; Georges Jansoone, 89; Georges Moes, 50 o. l.; Greg Hume, 41 u.; Guérin Nicolas, 16, 183; H. Zell, 5 o. r., 17, 16; H. Zell, 22, 56 m. r., 59 u., 76, 116, 118, 128, 144 o. l., 154, 172, 198, 284, 296, 297 u., 306, 307 u., 316 m. r.; H.Zell, 12; H.Zell, 46, 58 m. r., 65, 77, 85, 86, 126, 146, 192 o l., 246 o. l.; Hajotthu, 157, 195; hajotthu, 277; Hans Braxmeier, 137, 235, 272, 275, 303; Hans Hillewaert, 4 u. r.; Hans Hillewaert, 114, 214, 266, 298; Harald Matern, 283; Heike Frohnhoff, 139 u.; Henrik Larsson, 200; HermannSchachner, 24, 279, 278 o. l.; Hugo.arg, 18, 19, 71; Huhulenik, 205 u.; Ivar Leidus, 61, 157 u.; James K. Lindsey, 156; Jean-Pol GRANDMONT, 184; Jerzy Opioła, 130, 176 m. r.; Joan Simon, 193; JoJan, 303 u.; Jörg Hempel, 7 u. l., 141, 264, 268; Karelj, 45, 127, 159; Karsten Paulick, 265; KENPEI, 139; Kenraiz Krzysztof Ziarnek, 199; Kenraiz, 143, 143 u.; Kim Hansen, 253; Kristian Peters, 50 m. r., 112, 122, 210; Lars Schlageter, 302; Lazaregagnidze, 62 m. r., 173; Le.Loup.Gris, 100; Leo Michels, 313; LoggaWiggler, 164; Lucarelli, 242; Lynk media, 218; M. Martin Vicente, 44; Macleay Grass Man, 209, 243; mako, 286 m. r.; Martin Olsson, 309; Matt Lavin from Bozeman, Montana, USA, 5 o. m., 153, 152; Matt Lavin, 144 m. r., 175, 248; MdE, 151; Meneerke bloem, 39; Meneerke bloem, 53, 295, 304; Merja Partanen, 145; Mick E. Talbot, 45 u.; MPF, 233, 281, 288 m. r.; Nicola Cocchia, 190; Nova, 48 m. r.; O. Pichard, 79; Olivier Pichard, 27, 189; Pam Carter, 171; Pancrat, 48 o. l.; Pato Novoa, 41; penarc, 67; Per Arvid Åsen, 267 u.; Peter aka anemoneprojectors, 178; Petr Filippov, 185; Pharaoh han, 255; Phil Sellens, 108; Philmarin, 249; Pipi69e, 42, 95 u.; Qwert1234, 36; Raffi Kojian, 255 u.; Rasbak, 70, 101 u., 135 u., 136, 211, 257, 291; RICOH GX200, 64; Rob Hille, 61 u.; Roland Teuscher, 8, 9, 81; Rolf Engstrand, 56 o. l.; Rosser1954, 43 u.; Rüdiger Kratz, St. Ingbert, 176 o. l.; Rumen Evtimov, 125; Sanja565658, 174 m. r.; Simon Eugster, 274; Stan Shebs, 105, 132 o. l.; Stefan.lefnaer, 51, 197, 247, 311; Stickpen, 84; Svdmolen, 305; Szaga, 219; Szpawq, 170; TeunSpaans 30, 217, 223 u.; Thomas Mathis, 35; Thomas Ribière, 187; Tigerente, 131, 161; Tinelein, 239; Ton Rulkens, 110; Udo Schmidt, 229; unknown, 177; UnreifeKirsche, 314 m. r.; urjsa, 149; Veli M. Pohjonen, 311 u.; wackybadger, 251; Walter Siegmund, 225, 269; Willow, 62 o. l., 73, 260 u., 293 u.; windytan, 129; yak, 82 o. l.; Yarl, 295 u.; Лобачев Владимир, 267

*Public Domain*: 98 m. r.; 147; Fornax, 194; GT1976, 87; Matasg, 270; TeunSpaans, 69;

Alle übrigen Bilder sind von Klaus-Dieter Häring, Elbtal und Josef Jung, Limburg.